ユーキャンの

数学検定

ステップアップ
問題集【第3版】

5 級

ユーキャンが **よくわかる!** その理由

でるポイントを重点マスター!

■出題傾向を徹底分析

過去の検定問題を徹底的に分析し,
効率的な学習をサポートします。

■分野別学習で苦手克服

出題傾向に合わせた分野別の構成で,
苦手分野を重点的に学習することが可能です。

丁寧な解説でよくわかる

■問題ごとにわかりやすく解説

覚えておきたいポイントや間
違いやすい箇所を押さえなが
ら,問題を解くのに必要な手
順をわかりやすく解説してい
ます。

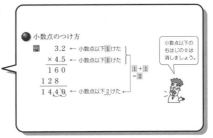

チャレンジ問題&検定対策で実践力アップ!

■ステップアップ方式で挑戦できるチャレンジ問題

各レッスンで学習した要点に
沿ったチャレンジ問題A・B
で段階的に実践力を身につけ
ることが可能です。

■予想模擬(2回分)+過去問(1回分)を収録

学習の総まとめとして,時間配分を意識しながら
挑戦してみましょう。

本書の使い方

●出題傾向を把握

『ここが出題される』で出題傾向を確認し，学習に入る準備をしましょう。

ここが
出題される▶

※出題傾向は，過去問題の分析がもとになっています。

●POINTを学習

各レッスンで重要となる『POINT』部分をチェックしましょう。

P**OINT**1

●例題で確認

『POINT』で学習した内容に沿った例題を解き，理解を深めていきましょう。

例題1

一緒に学習しよう

学習内容についてアドバイスしていきます。
よろしくお願いします。

とくじろう先生

みなさんと一緒に学習していきます。
よろしくね。

生徒：かずみさん

欄外で理解を深めよう

解法の ツ
ボ?

問題を解くうえで覚えておくと役に立つ情報です。

⤴確認！

重要語句やポイントを改めて確認します。

!注意

間違いやすい部分について解説しています。

---

2 **分数の計算**

ここが
出題される

分数のたし算，ひき算，かけ算，わり算やかっこのついた分数の計算問題が出題されます。とくに，計算の順番に注意し，ミスがないようにしましょう。

P**OINT**1　　**分数のたし算・ひき算**

▶分母のちがう分数のたし算・ひき算
・通分して分母を同じにしてから，分子どうしを計算する

● 帯分数を含む計算は，帯分数を仮分数にしてから，計算します。
　　例　帯分数を仮分数にする方法

$$3\frac{2}{5} = \frac{5 \times 3 + 2}{5} = \frac{17}{5}$$

●＝3，▲＝2，■＝5のとき，
分母は5，分子は5×3＋2＝17

例題1
次の計算をしなさい。

(1) $\frac{2}{5} + \frac{3}{10}$

(2) $1\frac{1}{4} - \frac{2}{3}$

解答・解説

(1) $\frac{2}{5} + \frac{3}{10}$
　　分母が10の分数に通分する。

$= \frac{4}{10} + \frac{3}{10}$
　　分子どうしをたす。

$= \frac{7}{10}$　答

分母の最小公倍数で通分しましょう。

(2) $1\frac{1}{4} - \frac{2}{3}$
　　帯分数を仮分数にする。

$= \frac{5}{4} - \frac{2}{3}$
　　分母が12の分数に通分する。

$= \frac{5 \times 3}{4 \times 3} - \frac{2 \times 4}{3 \times 4}$

$= \frac{15}{12} - \frac{8}{12}$

$= \frac{7}{12}$　答

確認！

帯分数 → 仮分数
$1\frac{1}{4} = \frac{4 \times 1 + 1}{4} = \frac{5}{4}$

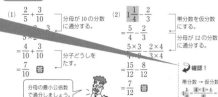

解き方と解答 22〜24ページ

A チャレンジ問題 得点 全12問

1 次の計算をしなさい。

(1) 240×0.2

(2) 370×0.5

過去 (3) 300×0.74　過去 (4) 250×0.63

2 次の計算をしなさい。

(1) 0.6×2.5

(2) 0.9×3.4

過去 (3) 0.58×1.3　過去 (4) 0.76×3.5

3 次の計算をしなさい。

(1) $13.8 \div 2.3$

過去 (2) $5.13 \div 2.7$

(3) $9.12 \div 3.8$　過去 (4) $14.82 \div 1.9$

20

●問題にチャレンジ

学習した内容をしっかりと身に付けるために，実際の過去問題を含むチャレンジ問題に挑戦しましょう。

※難易度はA→Bのステップアップ方式です。
※ 過去 は実際の検定で出題された問題です。

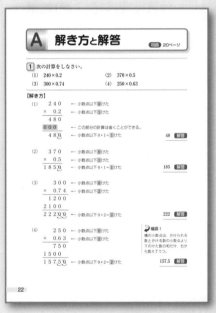

A 解き方と解答 問題 20ページ

1 次の計算をしなさい。
(1) 240×0.2　　　　(2) 370×0.5
(3) 300×0.74　　　(4) 250×0.63

【解き方】

(1)
```
    2 4 0   ← 小数点以下 0 けた
  ×   0.2   ← 小数点以下 1 けた
  ─────
    4 8 0
    0 0 0   ← この部分の計算は省くことができる。
  ─────
    4 8 0   ← 小数点以下 0＋1＝1 けた        48 解答
```

(2)
```
    3 7 0   ← 小数点以下 0 けた
  ×   0.5   ← 小数点以下 1 けた
  ─────
  1 8 5.0   ← 小数点以下 0＋1＝1 けた        185 解答
```

(3)
```
      3 0 0   ← 小数点以下 0 けた
    × 0.7 4   ← 小数点以下 2 けた
    ───────
    1 2 0 0
    2 1 0 0
  ─────────
  2 2 2.0 0   ← 小数点以下 0＋2＝2 けた       222 解答
```

(4)
```
      2 5 0   ← 小数点以下 0 けた
    × 0.6 3   ← 小数点以下 2 けた
    ───────
      7 5 0
    1 5 0 0
  ─────────
  1 5 7.5 0   ← 小数点以下 0＋2＝2 けた      157.5 解答
```

確認！
積の小数点は，かけられる数とかける数の小数点より下のけた数の和だけ，もとの数を右へうつる。

22

$$\frac{\bullet}{a} \times \frac{c}{\bullet} = \frac{\bullet \times c}{a \times \bullet}$$　← 約分できるときは，途中で約分する

● 分数のかけ算

■整数に分数をかけるときは，整数を $\dfrac{整数}{1}$ の形にします。

例 $\bullet \times \dfrac{b}{a} = \dfrac{\bullet}{1} \times \dfrac{b}{a}$

■帯分数のかけ算は，帯分数を仮分数にしてから，分母どうし，分子どうしをそれぞれかけて計算します。

例題2

次の計算をしなさい。

(1) $24 \times \dfrac{3}{8}$

(2) $2\dfrac{5}{8} \times \dfrac{4}{7}$

解答・解説

(1) $24 \times \dfrac{3}{8}$

$= \dfrac{24}{1} \times \dfrac{3}{8}$ ← 24の分母を1にして分数にする。

$= \dfrac{\overset{3}{\cancel{24}} \times 3}{1 \times \cancel{8}}$ ← 途中で約分する。

$= \dfrac{9}{1}$

$= 9$ 答

(2) $2\dfrac{5}{8} \times \dfrac{4}{7}$

$= \dfrac{21}{8} \times \dfrac{4}{7}$ ← 帯分数を仮分数にする。

$= \dfrac{\overset{3}{\cancel{21}} \times \overset{1}{\cancel{4}}}{\underset{2}{\cancel{8}} \times \cancel{7}}$ ← 途中で約分する。

$= \dfrac{3}{2}$ 答

確認！
帯分数 → 仮分数
$2\dfrac{5}{8} = \dfrac{8 \times 2 + 5}{8} = \dfrac{21}{8}$

途中で約分したほうが簡単に計算できるんですね。

●予想模擬＋過去問で学習の総仕上げ

予想模擬（2回）＋過去問（1回）で実力の定着をはかります。
解けなかった問題は別冊の解答解説をしっかり確認しましょう。

29

目　次

■ 本書の使い方 ………………………………………… 4
■ 検定概要 …………………………………………… 7
■ 覚えておこう ポイントCheck! …………………………… 12

第1章 計算技能検定(1次)対策

1　小数の計算 ……………… 18
2　分数の計算 ……………… 28
3　正負の数の計算 ………… 40
4　式の値と文字式の計算 …… 48
5　最大公約数と
　　最小公倍数 ……………… 56
6　比 ………………………… 62
7　方程式 …………………… 72
8　比例と反比例 …………… 84
9　図形の記号 ……………… 92
10　図形の移動 ……………… 96
11　拡大図と縮図 …………102
12　データの考察 …………108

第2章 数理技能検定(2次)対策

1　割合, 比 ………………114
2　平均,単位量あたりの大きさ,
　　速さ ……………………124
3　方程式 …………………134
4　比例と反比例 …………142
5　平面図形 ………………152
6　作　図 …………………162
7　空間図形 ………………168
8　データの活用 …………178

第3章 予想模擬検定

第1回　予想模擬(1次) …… 191
第1回　予想模擬(2次) …… 195
第2回　予想模擬(1次) …… 199
第2回　予想模擬(2次) …… 203

第4章 過去問題

過去問題(1次) …………… 209
過去問題(2次) …………… 213

検定概要

●実用数学技能検定®（数学検定・算数検定）とは

数学検定と算数検定は正式名称を「実用数学技能検定」といい，それぞれ1〜5級と6〜11級，「かず・かたち検定」があります。公益財団法人日本数学検定協会が実施している数学・算数の実用的な技能を測る検定です。

●1次：計算技能検定について（1級〜5級）

おもに計算技能をみる検定で，解答用紙に解答だけを記入する形式です。

●2次：数理技能検定について（1級〜5級）

数理応用技能をみる検定で，電卓の使用が認められています。5級から3級までは，解答用紙に解答だけを記入する形式になっており，一部，記述式の問題や作図が出題される場合もあります。準2級から1級までは記述式になっています。

また，学校の教科書で習う一般的な算数・数学の問題の他に，身の回りにある「数学」に関する独自の特徴的な問題も出題されます。

なお，算数検定（6級以下）には1次・2次の区分はありません。

●検定の日程

個人受検（個人で申込み）の場合

4月，7月，10月(または11月)の年3回。公益財団法人日本数学検定協会の指定する会場で，日曜日に受検します。

提携会場受検（個人で申込み）の場合

実施する検定回や階級は，会場ごとに異なります。

団体受検（学校・学習塾など5名以上で申込み）の場合
年15回程度，ほぼ毎月行われ，それぞれの学校・学習塾で受検します。

※詳しい検定日は,実用数学技能検定公式サイトをご覧ください。
(https://www.su-gaku.net/suken/)

▶検定階級と主な検定内容（学年の目安※）

準1級から10級までの出題範囲は複数学年にわたります。各階級の出題範囲の詳細は，実用数学技能検定公式サイトをご覧ください。
（https://www.su-gaku.net/suken/）

1 級	微分法，積分法，線形代数，確率，確率分布 など（大学）
準1級	極限，微分法・積分法，いろいろな関数，複素数平面 など（高3）
2 級	指数関数，三角関数，円の方程式，複素数 など（高2）
準2級	2次関数，三角比，データの分析，確率 など（高1）
3 級	平方根，展開と因数分解，2次方程式，相似比 など（中3）
4 級	連立方程式，三角形の合同，四角形の性質 など（中2）
5 級	正負の数，1次方程式，平面図形，空間図形 など（中1）
6 級	分数を含む四則混合計算，比の理解，比例・反比例 など（小6）
7 級	基本図形，面積，整数や小数の四則混合計算，百分率 など（小5）
8 級	整数の四則混合計算，長方形・正方形の面積 など（小4）
9 級	1けたの数でわるわり算，長さ・重さ・時間の単位と計算 など（小3）
10 級	かけ算の意味と九九，正方形・長方形・直角三角形の理解 など（小2）
11 級	整数のたし算・ひき算，長さ・広さ・かさなどの比較 など（小1）
かず・かたち検定	ゴールドスター	10までの数の理解，大小・長短など（小学校入学前）
	シルバースター	5までの数の理解，大小・長短など（小学校入学前）

●検定時間及び問題数

階　級	検定時間		検定問題数	
	1　次	2　次	1　次	2　次
1　級	60分	120分	7問	2題必須・5題より2題選択
準1級	60分	120分	7問	2題必須・5題より2題選択
2　級	50分	90分	15問	2題必須・5題より3題選択
準2級	50分	90分	15問	10問
3　級	50分	60分	30問	20問
4　級	50分	60分	30問	20問
5　級	50分	60分	30問	20問
6〜8級	50分		30問	
9〜11級	40分		20問	
かず・かたち検定	40分		15問	

●検定料

検定料は受検階級・受検方法によって異なります。

詳しくは，実用数学技能検定公式サイトをご覧ください。

(https://www.su-gaku.net/suken/)

●持ち物（1級〜5級）

受検証（個人受検と提携会場受検のみ）・筆記用具・定規・コンパス・電卓

（定規・コンパス・電卓は，2次：数理技能検定に使用します）

●合格基準

1級～5級

1次：計算技能検定…問題数の70％程度の得点で合格となります。

2次：数理技能検定…問題数の60％程度の得点で合格となります。

6級～11級

問題数の70％程度の得点で合格となります。

かず・かたち検定

15問中10問の正答で合格となります。

●結果の通知

検定実施後約40日程度で，合格者に合格証が，受検者全員に成績票が送付されます。

●合格したら（1級～5級）

① 1次：計算技能検定・2次：数理技能検定ともに合格した人には，実用数学技能検定合格証が与えられます。

② 1次：計算技能検定・2次：数理技能検定のいずれかに合格した人には，該当の検定合格証が与えられます。

▶受検申込み方法

受検方法によって異なります。

詳細については実用数学技能検定公式サイトをご覧ください。

（https://www.su-gaku.net/suken/）

〈実用数学技能検定についての問い合わせ先〉

公益財団法人 日本数学検定協会

〒110-0005　東京都台東区上野5-1-1　文昌堂ビル4階

Tel 03-5812-8349　（受付時間：平日10：00～16：00）

Fax 03-5812-8345　（24時間受付）

公式サイトURL　https://www.su-gaku.net/suken/

※記載している検定概要は変更になる場合がありますので，受検される際には公式サイトをご覧ください。

覚えておこう ポイントCheck!

~苦手単元の発見や，検定直前の最終チェックに活用しましょう~

小数の計算

■小数のかけ算

```
  0.2 5  ← 小数点以下 2 けた ┐
×   3.2  ← 小数点以下 1 けた ┘
─────────
  5 0
  7 5
─────────
0.8 0 0  ← 小数点以下 3 けた
```

$2 + 1 = 3$

■小数のわり算

```
           3.2
4,3 ) 1 3,7.6
        1 2 9
      ───────
          8 6
          8 6
      ───────
            0
```

・わる数が整数になるように，小数点を右に移し，わられる数の小数点も同じだけ右に移す。

分数の計算

■分数のたし算・ひき算

$$1\frac{3}{4} - \frac{4}{5}$$

帯分数は仮分数にする。
$$\frac{●}{■} \frac{▲}{} = \frac{■×●+▲}{■}$$

$$= \frac{4×1+3}{4} - \frac{4}{5}$$

$$= \frac{7}{4} - \frac{4}{5}$$

通分する。
4と5の最小公倍数の20で通分する。

$$= \frac{7×5}{4×5} - \frac{4×4}{5×4}$$

$$= \frac{35}{20} - \frac{16}{20}$$

$$= \frac{19}{20}$$

■分数のかけ算・わり算

$$\cdot \frac{b}{a} × \frac{d}{c} = \frac{b×d}{a×c}$$

$$\cdot \frac{b}{a} ÷ \frac{d}{c} = \frac{b}{a} × \frac{c}{d}$$ ← 逆数をかける。

約数・公約数と倍数・公倍数

■約数・公約数

・8の約数 → $\boxed{1}$, $\boxed{2}$, $\boxed{4}$, 8

・12の約数 → $\boxed{1}$, $\boxed{2}$, 3, $\boxed{4}$, 6, 12

・8と12の公約数 → $\boxed{1}$, $\boxed{2}$, $\boxed{4}$

・8と12の最大公約数 → 4

最大公約数4の約数が，8と12の公約数となる。

■倍数・公倍数

・8の倍数 → 8, 16, $\boxed{24}$, 32, 40, $\boxed{48}$, …

・12の倍数 → 12, $\boxed{24}$, 36, $\boxed{48}$, 60, …

・8と12の公倍数 → $\boxed{24}$, $\boxed{48}$, $\boxed{72}$, …

・8と12の最小公倍数 → $\boxed{24}$

最小公倍数24の倍数が，8と12の公倍数となる。

比

■比を簡単にする方法

・整数の比　18 : 24

　　　$= (18÷6) : (24÷6)$　公約数でわる。

　　　$= 3 : 4$

・分数の比　$\frac{3}{4} : \frac{1}{6}$

　　　$= \left(\frac{3}{4}×12\right) : \left(\frac{1}{6}×12\right)$　分母の最小公倍数をかける。

　　　$= 9 : 2$

・小数の比　0.2 : 1.8

　　　$= (0.2×10) : (1.8×10)$

　　　$= 2 : 18$　整数になるよう10倍する。

　　　$= 1 : 9$

■比の式の関係

$$\cdot a : b = c : d \quad \text{ならば} \quad ad = bc$$

12

正負の数の計算

■かっこのある式の計算

・$A+(+B)=A+B$　・$A+(-B)=A-B$

・$A-(+B)=A-B$　・$A-(-B)=A+B$

■かけ算とわり算の混じった計算

・答えの符号…負の数の個数によって決まる。

-（マイナス）が奇数個 →　 -

-（マイナス）が偶数個 →　 +

$12 \div (-24) \times (-8)$

わる数は逆数にしてかけ算にする。

$= 12 \times \left(-\dfrac{1}{24}\right) \times (-8)$

$= +\left(12 \times \dfrac{1}{24} \times 8\right)$

負の数 2 個（偶数個）

$= 4$

■指数を含む数の計算

・$-a^3 = -(a \times a \times a)$

・$(-a)^3 = (-a) \times (-a) \times (-a)$

■指数を含む正負の数の四則計算

① 指数の計算　→　② かけ算・わり算　→

③ たし算・ひき算　の順で計算する。

文字式の計算

■文字式の計算

$2(3x-1)-4(x+5)$

分配法則
$m(a+b)=ma+mb$

$= 6x-2-4x-20$

項をまとめる。

$= 6x-4x-2-20$

$= 2x-22$

式の値

■式の値

・与えられた式に，x や y の値を代入する。

方程式

■1 次方程式の解き方

・移項して，$ax=b$ の形にする。

■分数係数の 1 次方程式

・両辺に分母の最小公倍数をかけて分母をはらう。

$\dfrac{x-3}{2} = \dfrac{2x-4}{3}$

分母の最小公倍数を両辺にかける。

$\dfrac{x-3}{2} \times 6 = \dfrac{2x-4}{3} \times 6$

$3(x-3) = 2(2x-4)$

分配法則を使って（ ）をはずす。

$3x-9 = 4x-8$

x の項は左辺，数の項は右辺へ移項する。

$3x-4x = -8+9$

$ax=b$ の形にする。

$-x = 1$

両辺を x の係数でわる。

$x = -1$

比例・反比例

■比例

・y は x に比例する　→　$y = ax$

（a は比例定数）

・x の値が 2 倍，3 倍，…になると，y の値も 2 倍，3 倍，…になる。

・グラフは原点を通る直線になる。

① $a > 0$ のとき　② $a < 0$ のとき

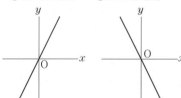

■反比例

・y は x に反比例する　→　$y = \dfrac{a}{x}$

（a は比例定数）

・x の値が 2 倍，3 倍，…になると，y の値が $\dfrac{1}{2}$ 倍，$\dfrac{1}{3}$ 倍，…になる。

・グラフは双曲線になる。

① $a>0$ のとき　　② $a<0$ のとき

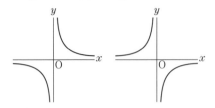

割合

■割合・比べられる量・もとにする量の関係式
・割合＝比べられる量÷もとにする量
・比べられる量＝もとにする量×割合
・もとにする量＝比べられる量÷割合

平均

■平均
・平均＝合計÷個数
・合計＝平均×個数

単位量あたりの大きさ

■単位量あたりの大きさ

面積○km^2 に住んでいる人口が△人
→1km^2 あたりの人口は，△÷○(人)

速さ

■速さ・道のり・時間の関係式
① 速さ＝道のり÷時間
② 時間＝道のり÷速さ
③ 道のり＝速さ×時間

平行と垂直

■平行の記号 //
・正方形，ひし形，長方形，平行四辺形の
向かい合う辺は平行である。
・台形の上底と下底は平行である。

平行四辺形 ABCD
について，
AB//DC
AD//BC

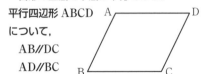

■垂直の記号 ⊥
・正方形，長方形のとなり合う辺は垂直で
ある。
・正方形，ひし形の対角線は垂直である。

ひし形 ABCD
について，
AC⊥BD

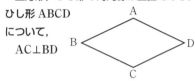

平面図形

■三角形
・三角形の 3 つの角の和は180°
・二等辺三角形の底角は等しい。

■基本的な図形の面積を求める公式
・長方形の面積＝縦×横
・正方形の面積＝ 1 辺× 1 辺
・三角形の面積＝底辺×高さ÷2
・平行四辺形の面積＝底辺×高さ
・台形の面積＝(上底＋下底)×高さ÷2

■円に関する公式
・円周の長さ＝直径×円周率 π
・円の面積＝(半径)^2×円周率 π

■おうぎ形に関する公式
・おうぎ形の弧の長さ
　＝2×円周率 π×半径×$\dfrac{中心角}{360}$
・おうぎ形の面積
　＝円周率 π×(半径)^2×$\dfrac{中心角}{360}$

■対称な図形
・線対称な図形　　・点対称な図形

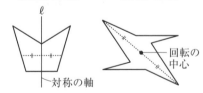

■平面上での図形の移動の性質
- 平行移動→対応する点を結んだ線分どうしは平行で，その長さはすべて等しい。

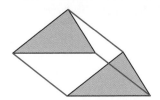

- 回転移動→対応する点は回転の中心からの距離が等しく，対応する点と回転の中心とを結んでできる角の大きさはすべて等しい。

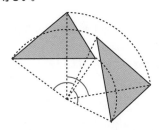

- 対称移動→対応する点を結んだ線分は対称の軸と垂直に交わり，その交点で二等分される。

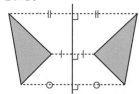

■拡大図と縮図の性質
- 対応する辺の長さの比がすべて等しい。
- 対応する角の大きさがそれぞれ等しい。

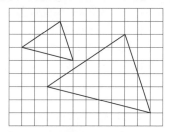

→長さや角は方眼紙のマス目を利用する。

空間図形

■立体の表面積
- 円柱，角柱の表面積＝底面積×2＋側面積
- 円錐，角錐の表面積＝底面積＋側面積

■立体の体積を求める公式
- 直方体の体積＝縦×横×高さ
- 立方体の体積＝1辺×1辺×1辺
- 円柱，角柱の体積＝底面積×高さ
- 円錐，角錐の体積＝底面積×高さ×$\frac{1}{3}$

■球に関する公式
- 球の表面積＝4×円周率π×(半径)^2
- 球の体積＝$\frac{4}{3}$×円周率π×(半径)^3

■ねじれの位置
- 空間内の2直線が，①平行でなく，②交わらないような位置関係
- 同じ平面上では決して起こらない。

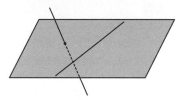

データの活用

■データの代表値と分布の範囲

- 平均値…データの値の平均
- 中央値…データを大きさの順に並べたときの中央のデータの値(ただし,データの数が偶数のときは,中央の2つのデータの値の平均が中央値である)
- 最頻値…データの値でもっとも多く現れる値
- 分布の範囲＝最大値－最小値

例 10人に行った10問クイズの正解数が,

> 2, 3, 4, 4, 4, 5, 7, 7, 8, 9 (問)

であるとき

平均値→正解数の合計が53問だから,

$$53÷10＝5.3(問)$$

中央値→中央の2つのデータが4問と5問だから,$(4＋5)÷2＝4.5(問)$

最頻値→もっとも多く現れるのは3回の4問

分布の範囲→最大値が9問で,最小値が2問だから,$9－2＝7(問)$

■度数と度数分布表

- 階級…データ整理のために区切った区間
- 階級値…階級の真ん中の値
- 階級の幅…区間の幅
- 度数…各階級内のデータの数
- 度数分布表…データを階級に分けて整理した表

  度数分布表の最頻値
  　　→度数のもっとも多い階級の階級値

- ヒストグラム…度数分布表を表したグラフ
- 累積度数…最初の階級からその階級までの度数の合計
- 相対度数…各階級の度数の全体に対する割合

  $$相対度数＝\frac{その階級の度数}{度数の合計}$$

- 累積相対度数…最初の階級からその階級までの相対度数の合計

例 あるクラス25人の通学時間のデータを,下の度数分布表に表したとき

通学時間(分)	A	B	C	D
0 以上～ 5 未満	4	4	0.16	0.16
5 ～10	7	11	0.28	0.44
10 ～15	5	16	0.20	0.64
15 ～20	4	20	0.16	0.80
20 ～25	3	23	0.12	0.92
25 ～30	2	25	0.08	1.00
合計	25		1.00	

階級→「0 以上～ 5 未満」は0分以上5分未満の階級

階級値→0分以上5分未満の階級の階級値は2.5分

階級の幅→この表では5分

度数→表の中のA

ヒストグラム→この度数分布表をヒストグラムにすると次のとおり

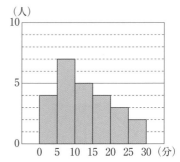

累積度数→表の中のB

相対度数→表の中のC

累積相対度数→表の中のD

第 1 章

計算技能検定（1次）対策

この章の内容

計算技能検定（1次）は主に計算力をみる検定です。
公式通りに解ける基礎的な問題が出題されます。

1	小数の計算	18
2	分数の計算	28
3	正負の数の計算	40
4	式の値と文字式の計算	48
5	最大公約数と最小公倍数	56
6	比	62
7	方程式	72
8	比例と反比例	84
9	図形の記号	92
10	図形の移動	96
11	拡大図と縮図	102
12	データの考察	108

1 小数の計算

ここが
出題される▶ 整数×小数，小数×小数，小数÷小数の計算問題が出題されます。計算結果の小数点の位置をまちがえやすいので，注意して計算するようにしましょう。

OINT1　　　　　小数のかけ算

▶小数のかけ算
・整数のかけ算と同じように計算する
・答えの小数点は，かけられる数とかける数の小数点より下のけた数の和だけ，右から数えてつける

例
```
  △.△
×   □
─────
  ○.○
```

● 小数点のつけ方

例
```
     3.2  ← 小数点以下 1 けた
  × 4.5  ← 小数点以下 1 けた
  ─────
   1 6 0
  1 2 8
  ─────
  1 4.4 0  ← 小数点以下 2 けた
```
1 + 1
= 2

小数点以下の
右はじの0は
消しましょう。

 例題1 ────────────────

次の計算をしなさい。

(1)　320×0.45　　　　　　(2)　0.65×3.2

──────────────────────────────

解答・解説

(1)
```
     3 2 0  ← 小数点以下 0 けた
  × 0.4 5  ← 小数点以下 2 けた
  ───────
   1 6 0 0
  1 2 8 0
  ───────
  1 4 4.0 0
```
小数点以下
0+2 = 2 けた

144 答

(2)
```
     0.6 5  ← 小数点以下 2 けた
  ×   3.2  ← 小数点以下 1 けた
  ───────
   1 3 0
  1 9 5
  ───────
  2.0 8 0
```
小数点以下 3 けた

2.08 答

POINT 2　　小数のわり算

▶**小数のわり算**
・わる数とわられる数の小数点を移し，整数のわり算と同
じように計算する

● 小数÷小数の計算のしかた

① わる数が整数になるように小数点を右に移します。

② わられる数の小数点もわる数と同じだけ右に移し
ます。

③ 答えの小数点は，移したあとのわられる数の
小数点にそろえます。

```
              ③
            4.2
  2.8,)1 1,7,6
   ①      ②
        1 1 2
          5 6
          5 6
            0
```

▶例題2

次の計算をしなさい。

(1)　4.96 ÷ 3.1　　　　　(2)　15.75 ÷ 2.5

解答・解説

(1)
```
          1.6
  3,1,)4,9,6
      3 1    ← 31×1=31
    1 8 6
    1 8 6    ← 31×6=186
        0
```

(2)
```
          6.3
  2,5,)1 5,7,5
    1 5 0
        7 5
        7 5
          0
```

　　　　　　　1.6 答　　　　　　　　　　　　　6.3 答

> わる数とわられる数の
> 小数点を同じだけ右に
> 移してから計算するん
> ですね。

⚠注意

商の小数点の位置を
まちがえて，(1)を0.16，
(2)を0.63としないよ
うに気をつける。

A チャレンジ問題

解き方と解答 22〜24ページ

1 次の計算をしなさい。

(1) 240×0.2

(2) 370×0.5

過去 (3) 300×0.74

過去 (4) 250×0.63

2 次の計算をしなさい。

(1) 0.6×2.5

(2) 0.9×3.4

過去 (3) 0.58×1.3

過去 (4) 0.76×3.5

3 次の計算をしなさい。

(1) $13.8 \div 2.3$

過去 (2) $5.13 \div 2.7$

(3) $9.12 \div 3.8$

過去 (4) $14.82 \div 1.9$

B チャレンジ問題

得点

全**12**問

解き方と解答 25〜27ページ

1 次の計算をしなさい。

過去 (1) 630×0.62　　過去 (2) 860×0.45

過去 (3) 168×0.35　　(4) 525×0.24

2 次の計算をしなさい。

過去 (1) 0.56×3.1　　過去 (2) 0.38×9.5

(3) 0.84×0.3　　(4) 0.52×6.45

3 次の計算をしなさい。

過去 (1) $4.27 \div 6.1$　　過去 (2) $3.76 \div 9.4$

(3) $9.03 \div 4.2$　　(4) $20.6 \div 8.24$

1 次の計算をしなさい。

(1) 240×0.2 (2) 370×0.5

(3) 300×0.74 (4) 250×0.63

【解き方】

(1)
```
      2 4 0    ← 小数点以下 0 けた
  ×   0.2      ← 小数点以下 1 けた
    4 8 0
  0 0 0        ← この部分の計算は省くことができる。
    4 8.0      ← 小数点以下 0+1 = 1 けた
```
48 解答

(2)
```
      3 7 0    ← 小数点以下 0 けた
  ×   0.5      ← 小数点以下 1 けた
  1 8 5.0      ← 小数点以下 0+1 = 1 けた
```
185 解答

(3)
```
      3 0 0    ← 小数点以下 0 けた
  ×  0.7 4     ← 小数点以下 2 けた
    1 2 0 0
  2 1 0 0
  2 2 2.0 0    ← 小数点以下 0+2 = 2 けた
```
222 解答

(4)
```
      2 5 0    ← 小数点以下 0 けた
  ×  0.6 3     ← 小数点以下 2 けた
      7 5 0
  1 5 0 0
  1 5 7.5 0    ← 小数点以下 0+2 = 2 けた
```

確認！

積の小数点は，かけられる数とかける数の小数点より下のけた数の和だけ，右から数えてうつ。

157.5 解答

2 次の計算をしなさい。

(1)　0.6×2.5　　　　(2)　0.9×3.4

(3)　0.58×1.3　　　　(4)　0.76×3.5

【解き方】

(1)

```
       0.6    ← 小数点以下 1 けた
    × 2.5    ← 小数点以下 1 けた
    ─────
      3 0
    1 2
    ─────
    1.5 0    ← 小数点以下 1+1＝ 2 けた
```

1.5　解答

(2)

```
       0.9    ← 小数点以下 1 けた
    × 3.4    ← 小数点以下 1 けた
    ─────
      3 6
    2 7
    ─────
    3.0 6    ← 小数点以下 1+1＝ 2 けた
```

3.06　解答

(3)

```
      0.5 8    ← 小数点以下 2 けた
    ×   1.3    ← 小数点以下 1 けた
    ───────
      1 7 4
      5 8
    ───────
    0.7 5 4    ← 小数点以下 2+1＝ 3 けた
```

0.754　解答

(4)

```
      0.7 6    ← 小数点以下 2 けた
    ×   3.5    ← 小数点以下 1 けた
    ───────
      3 8 0
    2 2 8
    ───────
    2.6 6 0    ← 小数点以下 2+1＝ 3 けた
```

2.66　解答

小数点以下の右はじの
0は消すんでしたね。

3 次の計算をしなさい。

(1) $13.8 \div 2.3$ (2) $5.13 \div 2.7$

(3) $9.12 \div 3.8$ (4) $14.82 \div 1.9$

【解き方】

(1)
```
            6
  2,3,) 1 3,8,
      1 3 8
            0
```
← わる数とわられる数の小数点を
　右に1つずつ移す。

6 解答

(2)
```
          1.9
  2,7,) 5,1,3
      2 7
      2 4 3
      2 4 3
            0
```
答えの小数点は，移したあとの
わられる数の小数点にそろえる。

← わる数とわられる数の小数点を
　右に1つずつ移す。

1.9 解答

(3)
```
          2.4
  3,8,) 9,1,2
      7 6
      1 5 2
      1 5 2
            0
```
← わる数とわられる数の小数点を
　右に1つずつ移す。

2.4 解答

(4)
```
          7.8
  1,9,) 1 4,8,2
      1 3 3
        1 5 2
        1 5 2
              0
```
← わる数とわられる数の小数点を
　右に1つずつ移す。

7.8 解答

解法の ツボ ?

小数のわり算は，わる数
とわられる数の小数点を
同じだけ右に移す。

B 解き方と解答

問題 21ページ

1 次の計算をしなさい。

(1) 630×0.62

(2) 860×0.45

(3) 168×0.35

(4) 525×0.24

【解き方】

(1)
```
      6 3 0      ← 小数点以下 0 けた
  ×  0.6 2      ← 小数点以下 2 けた
  ─────────
    1 2 6 0
    3 7 8 0
  ─────────
  3 9 0.6 0      ← 小数点以下 0+2 = 2 けた
```
390.6 解答

(2)
```
      8 6 0      ← 小数点以下 0 けた
  ×  0.4 5      ← 小数点以下 2 けた
  ─────────
    4 3 0 0
    3 4 4 0
  ─────────
  3 8 7.0 0      ← 小数点以下 0+2 = 2 けた
```
387 解答

(3)
```
      1 6 8      ← 小数点以下 0 けた
  ×  0.3 5      ← 小数点以下 2 けた
  ─────────
      8 4 0
    5 0 4
  ─────────
    5 8.8 0      ← 小数点以下 0+2 = 2 けた
```
58.8 解答

(4)
```
      5 2 5      ← 小数点以下 0 けた
  ×  0.2 4      ← 小数点以下 2 けた
  ─────────
    2 1 0 0
    1 0 5 0
  ─────────
  1 2 6.0 0      ← 小数点以下 0+2 = 2 けた
```
126 解答

2 次の計算をしなさい。

(1) 0.56×3.1 (2) 0.38×9.5

(3) 0.84×0.3 (4) 0.52×6.45

【解き方】

(1)
```
    0.5 6   ← 小数点以下 2 けた
×   3.1     ← 小数点以下 1 けた
    5 6
1 6 8
1.7 3 6     ← 小数点以下 2+1 = 3 けた
```
1.736 　**解答**

(2)
```
    0.3 8   ← 小数点以下 2 けた
×   9.5     ← 小数点以下 1 けた
1 9 0
3 4 2
3.6 1 0     ← 小数点以下 2+1 = 3 けた
```
3.61 　**解答**

(3)
```
    0.8 4   ← 小数点以下 2 けた
×   0.3     ← 小数点以下 1 けた
0.2 5 2     ← 小数点以下 2+1 = 3 けた
```
0.252 　**解答**

(4)
```
    0.5 2   ← 小数点以下 2 けた
× 6.4 5     ← 小数点以下 2 けた
  2 6 0
2 0 8
3 1 2       ← 小数点以下 2+2 = 4 けた
3.3 5 4 0
```
3.354 　**解答**

整数のかけ算と
同じように計算
してから小数点
をつけましょう。

26

3 次の計算をしなさい。

(1)　4.27÷6.1　　　　　　(2)　3.76÷9.4

(3)　9.03÷4.2　　　　　　(4)　20.6÷8.24

【解き方】

(1)
```
        0.7
  6,1,)4,2,7
      4 2 7
          0
```
42の中に61は1つもないので0を書く。

← わる数とわられる数の小数点を
　右に1つずつ移す。

0.7 解答

(2)
```
        0.4
  9,4,)3,7,6
      3 7 6
          0
```
94が4つで376

← わる数とわられる数の小数点を
　右に1つずつ移す。

0.4 解答

(3)
```
        2.1 5
  4,2,)9,0,3
      8 4
        6 3
        4 2
        2 1 0
        2 1 0
              0
```
← わる数とわられる数の小数点を
　右に1つずつ移す。

← 0をつけたして計算をする。

2.15 解答

(4)
```
           2.5
  8,24,)20,60,
       1 6 4 8
         4 1 2 0
         4 1 2 0
                 0
```
← わる数とわられる数の小数点を
　右に2つずつ移す。

← 0をつけたして計算をする。

2.5 解答

！注意

わる数が□.□□の小数であるときは、わられる数の小数点を右に2つずらす。

2 分数の計算

| ここが
出題される | 分数のたし算，ひき算，かけ算，わり算やかっこのついた
分数の計算問題が出題されます。とくに，計算の順番に注
意し，ミスがないようにしましょう。 |

P**OINT**1　分数のたし算・ひき算

▶**分母のちがう分数のたし算・ひき算**
・通分して分母を同じにしてから，分子どうしを計算する

●帯分数を含む計算は，帯分数を仮分数にしてから，計算します。

例　帯分数を仮分数にする方法

$$\dfrac{\blacktriangle}{\bullet} = \dfrac{\blacksquare \times \bullet + \blacktriangle}{\blacksquare}$$

●=3，▲=2，■=5のとき，
分母は5，分子は5×3+2=17

$$3\dfrac{2}{5} = \dfrac{5 \times 3 + 2}{5} = \dfrac{17}{5}$$

▶例題1

次の計算をしなさい。

(1)　$\dfrac{2}{5} + \dfrac{3}{10}$

(2)　$1\dfrac{1}{4} - \dfrac{2}{3}$

解答・解説

(1)　$\dfrac{2}{5} + \dfrac{3}{10}$

分母が10の分数
に通分する。

$= \dfrac{2 \times 2}{5 \times 2} + \dfrac{3}{10}$

$= \dfrac{4}{10} + \dfrac{3}{10}$

分子どうしを
たす。

$= \dfrac{7}{10}$　**答**

分母の最小公倍数
で通分しましょう。

(2)　$1\dfrac{1}{4} - \dfrac{2}{3}$

帯分数を仮分数
にする。

$= \dfrac{5}{4} - \dfrac{2}{3}$

分母が12の分数
に通分する。

$= \dfrac{5 \times 3}{4 \times 3} - \dfrac{2 \times 4}{3 \times 4}$

$= \dfrac{15}{12} - \dfrac{8}{12}$

$= \dfrac{7}{12}$　**答**

確認！

帯分数 → 仮分数

$1\dfrac{1}{4} = \dfrac{4 \times 1 + 1}{4} = \dfrac{5}{4}$

POINT**2** ┃ **分数のかけ算**

▶**分数に分数をかける計算**

・分母どうし，分子どうしをそれぞれかけて計算する

例 $\dfrac{b}{a} \times \dfrac{d}{c} = \dfrac{b \times d}{a \times c}$ ← 約分できるときは，途中で約分する

● 分数のかけ算

■整数に分数をかけるときは，整数を $\dfrac{整数}{1}$ の形にします。

例 $\bullet \times \dfrac{b}{a} = \dfrac{\bullet}{1} \times \dfrac{b}{a}$

■帯分数のかけ算は，帯分数を仮分数にしてから，分母どうし，分子どうしをそれぞれかけて計算します。

 例題2

次の計算をしなさい。

(1) $24 \times \dfrac{3}{8}$

(2) $2\dfrac{5}{8} \times \dfrac{4}{7}$

解答・解説

(1) $24 \times \dfrac{3}{8}$

$= \dfrac{24}{1} \times \dfrac{3}{8}$ ← 24の分母を1にして分数にする。

$= \dfrac{\overset{3}{24} \times 3}{1 \times \underset{1}{8}}$ ← 途中で約分する。

$= \dfrac{9}{1}$

$= 9$ **答**

(2) $2\dfrac{5}{8} \times \dfrac{4}{7}$

$= \dfrac{21}{8} \times \dfrac{4}{7}$ ← 帯分数を仮分数にする。

$= \dfrac{21 \times \overset{1}{4}}{\underset{2}{8} \times \underset{1}{7}}$ ← 途中で約分する。

$= \dfrac{3}{2}$ **答**

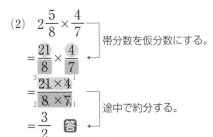 **確認！**

帯分数 → 仮分数

$2\dfrac{5}{8} = \dfrac{8 \times 2 + 5}{8} = \dfrac{21}{2}$

 途中で約分したほうが簡単に計算できるんですね。

POINT 3 分数のわり算

▶分数でわる計算

・わる数を逆数にしてかける

例 $\dfrac{b}{a} \div \dfrac{d}{c} = \dfrac{b}{a} \times \dfrac{c}{d}$

└─ 逆数を ─┘
かける

● 分数のわり算

■分数の分母と分子を入れかえた分数を**逆数**といいます。

例 $\dfrac{2}{5}$ の逆数は $\dfrac{5}{2}$

解法の ツボ

整数の逆数
$6\left(=\dfrac{6}{1}\right)$ の逆数は, $\dfrac{1}{6}$

■帯分数のわり算は，帯分数を仮分数にしてから計算します。

例題 3

次の計算をしなさい。

(1) $18 \div \dfrac{3}{5}$

(2) $\dfrac{7}{5} \div 2\dfrac{1}{3}$

解答・解説

(1) $18 \div \dfrac{3}{5}$

$= \dfrac{18}{1} \times \dfrac{5}{3}$ ← 逆数のかけ算にする。

$= \dfrac{\overset{6}{\cancel{18}} \times 5}{1 \times \cancel{3}_1}$ ← 途中で約分する。

$= 30$ 答

逆数のかけ算に直してからは，分数のかけ算と同じ方法で計算するんですね。

(2) $\dfrac{7}{5} \div 2\dfrac{1}{3}$

$= \dfrac{7}{5} \div \dfrac{3 \times 2 + 1}{3}$ ← 帯分数を仮分数にする。

$= \dfrac{7}{5} \div \dfrac{7}{3}$

$= \dfrac{\cancel{7}^1}{5} \times \dfrac{3}{\cancel{7}_1}$ ← 逆数のかけ算にする。

← 途中で約分する。

$= \dfrac{3}{5}$ 答

注意

$\dfrac{7}{5} \div \dfrac{7}{3} = \dfrac{7 \times 7}{5 \times 3} = \dfrac{49}{15}$ としない

ように気をつける。

4 分数のいろいろな計算

▶かけ算とわり算の混じった分数の計算

・逆数を使って，かけ算だけの式に直す

例 $\dfrac{4}{5} \div \dfrac{2}{3} \times \dfrac{5}{8} = \dfrac{4}{5} \times \dfrac{3}{2} \times \dfrac{5}{8}$

└逆数にする┘

四則計算が混じった計算では，計算の順序をまちがえないように注意します。

① まず，**かっこの中**を計算します。

② **かけ算・わり算**を計算します。

③ **たし算・ひき算**を計算します。

!注意

逆数にしてかけるほかに，通分や約分があるので，落ち着いて計算しましょう。

例題4

次の計算をしなさい。

(1) $\dfrac{2}{9} \times 2\dfrac{2}{5} \div \dfrac{3}{10}$

(2) $15 \div \left(1\dfrac{3}{4} - \dfrac{1}{2}\right)$

解答・解説

(1) $\dfrac{2}{9} \times 2\dfrac{2}{5} \div \dfrac{3}{10}$

帯分数を仮分数にする。

$= \dfrac{2}{9} \times \dfrac{5 \times 2 + 2}{5} \div \dfrac{3}{10}$

逆数のかけ算にする。

$= \dfrac{2}{9} \times \dfrac{12}{5}_{2} \times \dfrac{10}{3}$

$= \dfrac{2 \times \overset{4}{\cancel{12}} \times 10}{9 \times \underset{1}{\cancel{5}} \times \underset{1}{\cancel{3}}}$

途中で約分する。

$= \dfrac{16}{9}$ 答

(2) $15 \div \left(1\dfrac{3}{4} - \dfrac{1}{2}\right)$

かっこの中の帯分数を仮分数にする。分母が4の分数に通分する。

$= 15 \div \left(\dfrac{7}{4} - \dfrac{2}{4}\right)$

$= 15 \div \dfrac{5}{4}$

逆数のかけ算にする。

$= 15 \times \dfrac{4}{5}$

途中で約分する。

$= \overset{3}{\cancel{15}}_{1} \times \dfrac{4}{\cancel{5}_{1}}$

$= \dfrac{12}{1}$

$= 12$ 答

1 次の計算をしなさい。

過去(1) $\dfrac{3}{4}+\dfrac{1}{6}$

(2) $\dfrac{9}{10}-\dfrac{2}{5}$

2 次の計算をしなさい。

(1) $54\times\dfrac{2}{9}$

過去(2) $\dfrac{2}{3}\times\dfrac{3}{4}$

3 次の計算をしなさい。

過去(1) $81\div\dfrac{9}{17}$

(2) $\dfrac{3}{8}\div 1\dfrac{1}{2}$

4 次の計算をしなさい。

(1) $\dfrac{11}{12}\times\dfrac{4}{9}\div\dfrac{5}{6}$

(2) $\dfrac{2}{3}\div\dfrac{5}{8}\times 1\dfrac{1}{2}$

5 次の計算をしなさい。

(1) $\dfrac{5}{6}-\left(\dfrac{3}{4}-\dfrac{1}{3}\right)$

過去(2) $660\div\left(\dfrac{5}{6}+\dfrac{2}{3}\right)$

B チャレンジ問題

得点

全**10**問

解き方と解答 37〜39ページ

1 次の計算をしなさい。

(1) $1\dfrac{3}{7} + \dfrac{5}{21}$

(2) $3\dfrac{3}{4} - 2\dfrac{1}{2}$

2 次の計算をしなさい。

(1) $32 \times 2\dfrac{3}{8}$

過去 (2) $1\dfrac{7}{8} \times \dfrac{16}{21}$

3 次の計算をしなさい。

(1) $2\dfrac{3}{4} \div 1\dfrac{5}{6}$

過去 (2) $3\dfrac{3}{10} \div 1\dfrac{3}{8}$

4 次の計算をしなさい。

過去 (1) $\dfrac{5}{6} \times \dfrac{9}{16} \div 1\dfrac{7}{8}$

(2) $\dfrac{9}{16} \div 3\dfrac{1}{8} \div 2\dfrac{7}{10}$

5 次の計算をしなさい。

過去 (1) $92 \div \left(1\dfrac{4}{5} - \dfrac{7}{9}\right)$

(2) $0.8 \div \left(\dfrac{3}{5} - \dfrac{1}{4}\right)$

1 次の計算をしなさい。

(1) $\dfrac{3}{4}+\dfrac{1}{6}$

(2) $\dfrac{9}{10}-\dfrac{2}{5}$

【解き方】

(1) $\dfrac{3}{4}+\dfrac{1}{6}$

$=\dfrac{3\times3}{4\times3}+\dfrac{1\times2}{6\times2}$ ← 分母が 12 の分数に通分する。

$=\dfrac{9}{12}+\dfrac{2}{12}$

$=\dfrac{11}{12}$ ← 分子の計算 $9+2=11$

$$\dfrac{11}{12}\quad\boxed{解答}$$

(2) $\dfrac{9}{10}-\dfrac{2}{5}$

$=\dfrac{9}{10}-\dfrac{2\times2}{5\times2}$

$=\dfrac{9}{10}-\dfrac{4}{10}$

$=\dfrac{\overset{1}{5}}{\underset{2}{10}}$

$=\dfrac{1}{2}$ ← 約分する。

解法のツボ？

分数のたし算とひき算は，分母の最小公倍数で通分してから計算する。

$$\dfrac{1}{2}\quad\boxed{解答}$$

2 次の計算をしなさい。

(1) $54\times\dfrac{2}{9}$

(2) $\dfrac{2}{3}\times\dfrac{3}{4}$

【解き方】

(1) $54\times\dfrac{2}{9}$ ← 54 は 1 を分母とする分数にする。

$=\dfrac{54}{1}\times\dfrac{2}{9}$

$=\dfrac{\overset{6}{54}\times2}{1\times\underset{1}{9}}$ ← 途中で約分する。

$=\dfrac{12}{1}=12$

$$12\quad\boxed{解答}$$

(2) $\dfrac{2}{3}\times\dfrac{3}{4}$

$=\dfrac{\overset{1}{2}\times\overset{1}{3}}{\underset{1}{3}\times\underset{2}{4}}$

$=\dfrac{1}{2}$

確認！

分母どうし，分子どうしをそれぞれかける。

$$\dfrac{1}{2}\quad\boxed{解答}$$

3 次の計算をしなさい。

(1) $81 \div \dfrac{9}{17}$

(2) $\dfrac{3}{8} \div 1\dfrac{1}{2}$

【解き方】

(1) $81 \div \dfrac{9}{17}$ 　逆数のかけ算にする。

$= \dfrac{\overset{9}{\cancel{81}}}{1} \times \dfrac{17}{\cancel{9}_1}$ 　約分する。

$= \dfrac{153}{1} = 153$

$\underline{153}$ 　解答

(2) $\dfrac{3}{8} \div 1\dfrac{1}{2}$ 　帯分数を仮分数にする。

$= \dfrac{3}{8} \div \dfrac{3}{2}$

$= \dfrac{\overset{1}{\cancel{3}}}{\underset{4}{\cancel{8}}} \times \dfrac{\overset{1}{\cancel{2}}}{\cancel{3}_1}$

$= \dfrac{1}{4}$

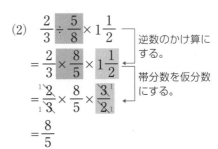

解法のツボ

分数のわり算は，わる数の逆数をかける。

$\dfrac{1}{4}$ 　解答

4 次の計算をしなさい。

(1) $\dfrac{11}{12} \times \dfrac{4}{9} \div \dfrac{5}{6}$

(2) $\dfrac{2}{3} \div \dfrac{5}{8} \times 1\dfrac{1}{2}$

【解き方】

(1) $\dfrac{11}{12} \times \dfrac{4}{9} \div \dfrac{5}{6}$ 　逆数のかけ算にする。

$= \dfrac{11}{\underset{3}{\cancel{12}}} \times \dfrac{\overset{1}{\cancel{4}}}{\underset{3}{\cancel{9}}} \times \dfrac{\overset{2}{\cancel{6}}}{5}$ 　約分する。

$= \dfrac{22}{45}$

$\dfrac{22}{45}$

(2) $\dfrac{2}{3} \div \dfrac{5}{8} \times 1\dfrac{1}{2}$ 　逆数のかけ算にする。

$= \dfrac{2}{3} \times \dfrac{8}{5} \times 1\dfrac{1}{2}$ 　帯分数を仮分数にする。

$= \dfrac{\overset{1}{\cancel{2}}}{\underset{1}{\cancel{3}}} \times \dfrac{8}{5} \times \dfrac{\overset{1}{\cancel{3}}}{\cancel{2}_1}$

$= \dfrac{8}{5}$

$\dfrac{8}{5}$

5 次の計算をしなさい。

(1) $\dfrac{5}{6} - \left(\dfrac{3}{4} - \dfrac{1}{3} \right)$

(2) $660 \div \left(\dfrac{5}{6} + \dfrac{2}{3} \right)$

【解き方】

(1)
$$\dfrac{5}{6} - \left(\dfrac{3}{4} - \dfrac{1}{3} \right)$$

分母が12の分数に通分する。

$$= \dfrac{5}{6} - \left(\dfrac{3 \times 3}{4 \times 3} - \dfrac{1 \times 4}{3 \times 4} \right)$$

$$= \dfrac{5}{6} - \left(\dfrac{9}{12} - \dfrac{4}{12} \right)$$

まず，かっこの中を計算する。
分子は $9 - 4 = 5$

$$= \dfrac{5}{6} - \dfrac{5}{12}$$

12で通分する。

$$= \dfrac{5 \times 2}{6 \times 2} - \dfrac{5}{12}$$

$$= \dfrac{10}{12} - \dfrac{5}{12}$$

$$= \dfrac{5}{12}$$

$\dfrac{5}{12}$ 解答

(2)
$$660 \div \left(\dfrac{5}{6} + \dfrac{2}{3} \right)$$

分母が6の分数に通分する。

$$= 660 \div \left(\dfrac{5}{6} + \dfrac{2 \times 2}{3 \times 2} \right)$$

$$= 660 \div \left(\dfrac{5}{6} + \dfrac{4}{6} \right)$$

分子を計算する。$5 + 4 = 9$

$$= 660 \div \dfrac{\overset{3}{\cancel{9}}}{\underset{2}{\cancel{6}}}$$

約分する。

$$= 660 \div \dfrac{3}{2}$$

逆数のかけ算にする。

$$= \dfrac{\overset{220}{\cancel{660}}}{1} \times \dfrac{2}{\cancel{3}}$$

$$= \dfrac{440}{1}$$

$$= 440$$

計算の順序をまちがえないように気をつけましょう。

➥確認！
計算の順番
① かっこの中
② かけ算，わり算
③ たし算，ひき算

440 解答

B 解き方と解答

問題 33ページ

1 次の計算をしなさい。

(1) $1\dfrac{3}{7} + \dfrac{5}{21}$

(2) $3\dfrac{3}{4} - 2\dfrac{1}{2}$

【解き方】

(1) $1\dfrac{3}{7} + \dfrac{5}{21} = \dfrac{10}{7} + \dfrac{5}{21}$ ← 帯分数を仮分数にする。$1\dfrac{3}{7} = \dfrac{7 \times 1 + 3}{7}$

$= \dfrac{30}{21} + \dfrac{5}{21}$ ← 分母が 21 の分数に通分する。$\dfrac{10 \times 3}{7 \times 3}$

$= \dfrac{\overset{5}{\cancel{35}}}{\underset{3}{\cancel{21}}} = \dfrac{5}{3}$

$\dfrac{5}{3}$ 解答

(2) $3\dfrac{3}{4} - 2\dfrac{1}{2} = \dfrac{15}{4} - \dfrac{5}{2}$ ← 帯分数を仮分数にする。$3\dfrac{3}{4} = \dfrac{4 \times 3 + 3}{4}$, $2\dfrac{1}{2} = \dfrac{2 \times 2 + 1}{2}$

$= \dfrac{15}{4} - \dfrac{10}{4} = \dfrac{5}{4}$

$\dfrac{5}{4}$ 解答

2 次の計算をしなさい。

(1) $32 \times 2\dfrac{3}{8}$

(2) $1\dfrac{7}{8} \times \dfrac{16}{21}$

【解き方】

(1) $32 \times 2\dfrac{3}{8}$

$= \dfrac{\overset{4}{\cancel{32}}}{1} \times \dfrac{19}{\underset{1}{\cancel{8}}}$ ← 帯分数を仮分数にする。$2\dfrac{3}{8} = \dfrac{8 \times 2 + 3}{8}$

← 途中で約分する。

$= \dfrac{76}{1} = 76$

76 解答

(2) $1\dfrac{7}{8} \times \dfrac{16}{21}$

$= \dfrac{\overset{5}{\cancel{15}}}{\underset{1}{\cancel{8}}} \times \dfrac{\overset{2}{\cancel{16}}}{\underset{7}{\cancel{21}}}$ ← 帯分数を仮分数にする。$1\dfrac{7}{8} = \dfrac{8 \times 1 + 7}{8}$

← 途中で約分する。

$= \dfrac{10}{7}$

$\dfrac{10}{7}$ 解答

3 次の計算をしなさい。

(1) $2\dfrac{3}{4} \div 1\dfrac{5}{6}$　　　　　(2) $3\dfrac{3}{10} \div 1\dfrac{3}{8}$

【解き方】

(1) $2\dfrac{3}{4} \div 1\dfrac{5}{6} = \dfrac{11}{4} \div \dfrac{11}{6}$　← 帯分数を仮分数にする。$2\dfrac{3}{4} = \dfrac{4 \times 2 + 3}{4}$，$1\dfrac{5}{6} = \dfrac{6 \times 1 + 5}{6}$

$= \dfrac{\overset{1}{11}}{\underset{2}{4}} \times \dfrac{\overset{3}{6}}{\underset{1}{11}}$　　逆数のかけ算にする。

$= \dfrac{3}{2}$　　約分して答えを求める。

$\dfrac{3}{2}$ 　解答

(2) $3\dfrac{3}{10} \div 1\dfrac{3}{8} = \dfrac{33}{10} \div \dfrac{11}{8}$　← 帯分数を仮分数にする。$3\dfrac{3}{10} = \dfrac{10 \times 3 + 3}{10}$，$1\dfrac{3}{8} = \dfrac{8 \times 1 + 3}{8}$

$= \dfrac{\overset{3}{33}}{\underset{5}{10}} \times \dfrac{\overset{4}{8}}{\underset{1}{11}}$　　逆数のかけ算にする。

$= \dfrac{12}{5}$　　約分して答えを求める。

$\dfrac{12}{5}$ 　解答

---

4 次の計算をしなさい。

(1) $\dfrac{5}{6} \times \dfrac{9}{16} \div 1\dfrac{7}{8}$　　　　　(2) $\dfrac{9}{16} \div 3\dfrac{1}{8} \div 2\dfrac{7}{10}$

【解き方】

(1) $\dfrac{5}{6} \times \dfrac{9}{16} \div 1\dfrac{7}{8}$

　　　　　　　　　　　帯分数を仮分数にする。$1\dfrac{7}{8} = \dfrac{8 \times 1 + 7}{8}$

$= \dfrac{5}{6} \times \dfrac{9}{16} \div \dfrac{15}{8}$

　　　　　　　　　　　逆数のかけ算にする。

$= \dfrac{\overset{1}{5}}{\underset{2}{6}} \times \dfrac{\overset{\times 1}{9}}{\underset{2}{16}} \times \dfrac{\overset{1}{8}}{\underset{\times 1}{15}}$

　　　　　　　　　　　約分して答えを求める。

$= \dfrac{1}{4}$

$\dfrac{1}{4}$ 　解答

(2) $\dfrac{9}{16} \div 3\dfrac{1}{8} \div 2\dfrac{7}{10}$

$= \dfrac{9}{16} \div \dfrac{25}{8} \div \dfrac{27}{10}$

$= \dfrac{\overset{1}{9}}{\underset{\times 1}{16}} \times \dfrac{\overset{1}{8}}{\underset{5}{25}} \times \dfrac{\overset{\times 1}{10}}{\underset{3}{27}} = \dfrac{1}{15}$

÷の記号のうしろに
分数がある場合は,
逆数にしてかけま
しょう。

$\dfrac{1}{15}$ 　解答

38

5 次の計算をしなさい。

(1) $92 \div \left(1\frac{4}{5} - \frac{7}{9}\right)$　　　(2) $0.8 \div \left(\frac{3}{5} - \frac{1}{4}\right)$

【解き方】

(1) $92 \div \left(1\frac{4}{5} - \frac{7}{9}\right)$

かっこの中の帯分数を仮分数にする。

$1\frac{4}{5} = \frac{5 \times 1 + 4}{5}$

$= 92 \div \left(\frac{9}{5} - \frac{7}{9}\right)$

分母が45の分数に通分する。

$= 92 \div \left(\frac{9 \times 9}{5 \times 9} - \frac{7 \times 5}{9 \times 5}\right)$

$= 92 \div \left(\frac{81}{45} - \frac{35}{45}\right)$

かっこの中の分子を計算する。$81 - 35 = 46$

$= 92 \div \frac{46}{45}$

逆数のかけ算にする。

$= \frac{\overset{2}{92}}{1} \times \frac{45}{\underset{1}{46}}$

約分して答えを求める。

$= \frac{90}{1} = 90$

90 解答

(2) $0.8 \div \left(\frac{3}{5} - \frac{1}{4}\right)$

小数を分数にする。

$= \frac{8}{10} \div \left(\frac{3}{5} - \frac{1}{4}\right)$

分母が20の分数に通分する。

$= \frac{8}{10} \div \left(\frac{12}{20} - \frac{5}{20}\right)$

分子を計算する。$12 - 5 = 7$

$= \frac{8}{10} \div \frac{7}{20}$

逆数のかけ算にする。

$= \frac{8}{\underset{1}{10}} \times \frac{\overset{2}{20}}{7}$

約分して答えを求める。

$= \frac{16}{7}$

解法の**ツボ**❓

小数があるときは，小数を分数に直す。

$0.1 = \frac{1}{10}$

$0.01 = \frac{1}{100}$

$\frac{16}{7}$ 解答

これだけは覚えておこう

〈四則計算が混じった式の計算の順序〉

　かっこの中　→　かけ算・わり算　→　たし算・ひき算

の順番で計算する。

正負の数のたし算・ひき算，かけ算・わり算が出題されます。かっこのある式のたし算・ひき算，指数をふくむ計算，四則が混じった計算のミスをなくしましょう。

P○INT 1　正負の数のたし算・ひき算

符号に注意（ふごう）

▶かっこのある式の計算

・かっこをはずした式にする。　$5+(-6)-(-3)=5-6+3$

● かっこをはずした式にする方法

・$A+(+B)=A+B$　　・$A+(-B)=A-B$

・$A-(+B)=A-B$　　・$A-(-B)=A+B$

● たし算，ひき算の混じった式の計算

① かっこをはずした式にする。

② 正の数どうし，負の数どうしを計算する。

③ 答えを求める。

$$3-(-2)+(-9)$$
$$=3+2-9$$
$$=5-9$$
$$=-4$$

① ② ③

▶例題 1

次の計算をしなさい。

(1)　$5+(-12)$

(2)　$(-15)-(-6)$

解答・解説

(1)　$5+(-12)$

$=5-12$

$=-7$　**答**

かっこをはずす。

5 より 12 小さい。

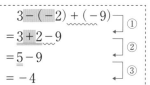

(2)　$(-15)-(-6)$

$=-15+6$

$=-9$　**答**

かっこをはずす。

-15 より 6 大きい。

計算ミスをしないように，数直線で考えてもいいですね。

OINT2　　正負の数のかけ算・わり算

▶かけ算とわり算の混じった計算

・わる数を逆数にして，かけ算だけの式にする。

$$24 \times 5 \div (-10) = 24 \times 5 \times \left(-\frac{1}{10}\right)$$

逆数のかけ算にする

● 答えの符号は，負の数の個数によって決まります。

・負の数が偶数個　→　答えに正の符号をつける。

例　$(-2) \times 4 \times (-3) \times 2 = +(2 \times 4 \times 3 \times 2)$

負の数 2 個（偶数個）

・負の数が奇数個　→　答えに負の符号をつける。

例　$(-2) \times (-4) \times (-3) \times 2 = -(2 \times 4 \times 3 \times 2)$

負の数 3 個（奇数個）

● 指数を含む式の計算は，指数の数だけ同じ数をかけます。

例 $(-a)^2 = (-a) \times (-a) = a^2$

$-a$ を 2 回かける。

例 $-a^2 = -(a \times a)$

a を 2 回かけて$-$（マイナス）をつける。

注意
$-a^2 = (-a) \times (-a)$と
しないよう気をつける。

例題2

次の計算をしなさい。

(1)　$16 \times (-3) \div 12$　　　　(2)　$(-2)^3 \times (-5)$

解答・解説

(1)　$16 \times (-3) \div 12$

逆数のかけ算にする。

$= 16 \times (-3) \times \dfrac{1}{12}$

負の数が1個
↓
答えの符号－

$= -\dfrac{16 \times 3}{12}$

$= -4$　答

(2)　$(-2)^3 \times (-5)$

指数の計算をする。

$= (-2) \times (-2) \times (-2) \times (-5)$

$= (-8) \times (-5)$

負の数が2個
→答えの符号＋

$= +(8 \times 5)$

$= 40$　答

POINT 3 指数を含む正負の数の四則計算

▶計算の順番

① 指数の計算 → ② かけ算・わり算 → ③ たし算・ひき算

例 $7-(-6)^2 \div 2 = 7-36 \div 2 = 7-18 = -11$

└─① 指数の計算   └─② わり算   └─③ ひき算

● 指数，四則の混じった計算では，計算順序に気をつける必要があります。

① まず，指数の計算をする。

$(-a)^n$ と $-a^n$ の違いに注意する。

② かけ算・わり算をする。

符号に注意する $\begin{cases} 負の数が偶数個 \to + \\ 負の数が奇数個 \to - \end{cases}$

③ たし算・ひき算をする。

↪確認！

$-a^n = -\underbrace{(a \times a \times \cdots \times a)}_{n個}$

$(-a)^n = \underbrace{(-a) \times (-a) \times \cdots \times (-a)}_{n個}$

▶例題3

次の計算をしなさい。

$(-4)^2 \times 6 + (-3)^3$

解答・解説

$(-4)^2 \times 6 + (-3)^3$

$= (-4) \times (-4) \times 6 + (-3) \times (-3) \times (-3)$

$= 16 \times 6 + (-27)$

$= 96 + (-27)$

$= 96 - 27$

$= 69$ 答

┐指数の計算
$(-4)^2 = (-4) \times (-4) = +(4 \times 4)$
$(-3)^3 = (-3) \times (-3) \times (-3)$
$\quad = -(3 \times 3 \times 3)$

かけ算 16×6 をする。

かっこをはずす。

ひき算 $96 - 27$ をする。

計算順序をまちがえないように気をつけよう。

A チャレンジ問題

得点

全**8**問

解き方と解答 44～45ページ

1 次の計算をしなさい。

(1) $2+(-6)$

(2) $9-(+4)$

過去(3) $(-5)-(-8)$

過去(4) $(-7)-(-15)$

2 次の計算をしなさい。

(1) $6\times(-32)\div(-24)$

(2) $(-3)^2\times(-2)$

(3) $(-12)\times(-2)^2\div6$

過去(4) $-3^2+4\times(-2)^3$

B チャレンジ問題

得点

全**8**問

解き方と解答 46～47ページ

1 次の計算をしなさい。

(1) $(-17)-(-20)$

(2) $(-16)-(-18)$

(3) $13+(-6)-(-11)$

過去(4) $(-25)-(-9)-(+4)$

2 次の計算をしなさい。

(1) $-2^3\times6\div4$

過去(2) $(-4)^2\times27\div(-3)^3$

過去(3) $(-2)^3\times9+(-3)^2$

過去(4) $-6^2-7\times(-2)^3$

1 次の計算をしなさい。

(1) $2+(-6)$

(2) $9-(+4)$

(3) $(-5)-(-8)$

(4) $(-7)-(-15)$

【解き方】

(1) $2+(-6)$

$=2-6$

$=-4$

> かっこをはずす。$A+(-B)=A-B$
> 2 より 6 小さい。

-4 **解答**

確認！

かっこのはずし方
$A+(+B)=A+B$
$A+(-B)=A-B$
$A-(+B)=A-B$
$A-(-B)=A+B$

(2) $9-(+4)$

$=9-4$

$=5$

> かっこをはずす。$A-(+B)=A-B$
> 9 より 4 小さい。

5 **解答**

(3) $(-5)-(-8)$

$=-5+8$

$=3$

> かっこをはずす。$A-(-B)=A+B$
> -5 より 8 大きい。

3 **解答**

(4) $(-7)-(-15)$

$=-7+15$

$=8$

> かっこをはずす。$A-(-B)=A+B$
> -7 より15 大きい。

8 **解答**

符号に気をつけて，
計算しよう。

2 次の計算をしなさい。

(1)　$6 \times (-32) \div (-24)$　　　　(2)　$(-3)^2 \times (-2)$

(3)　$(-12) \times (-2)^2 \div 6$　　　　(4)　$-3^2 + 4 \times (-2)^3$

【解き方】

(1)　$6 \times (-32) \div (-24)$

$= 6 \times (-32) \times \left(-\dfrac{1}{24}\right)$　　逆数のかけ算にする。

$= +\dfrac{\overset{1}{6} \times \overset{8}{32} \times 1}{1 \times 1 \times \underset{4}{24}}$　　負の数が2個→答えの符号は＋

約分する。

$= 8$　　　　　　　　　　　　　　　　　　　8　**解答**

(2)　$(-3)^2 \times (-2)$

$= (-3) \times (-3) \times (-2)$　　指数の計算をする。
$(-3)^2$は-3を2回かける。

$= 9 \times (-2)$

$= -(9 \times 2)$　　負の数が1個→答えの符号は－

$= -18$　　　　　　　　　　　　　　　　-18　**解答**

(3)　$(-12) \times (-2)^2 \div 6$

$= (-12) \times (-2) \times (-2) \div 6$　　指数の計算をする。

$= (-12) \times 4 \times \dfrac{1}{6}$　　逆数のかけ算にする。

$= -\dfrac{\overset{2}{12} \times 4 \times 1}{1 \times 1 \times \underset{1}{6}}$　　負の数が1個→答えの符号は－

約分する。

$= -8$　　　　　　　　　　　　　　　　　-8　**解答**

(4)　$-3^2 + 4 \times (-2)^3$

$= -(3 \times 3) + 4 \times (-2) \times (-2) \times (-2)$　　指数の計算をする。

$= -9 + 4 \times (-8)$　　かけ算をする。

$= -9 + (-32)$　　かっこをはずす。

$= -9 - 32$

$= -41$　　　　　　　-41　**解答**

> **⚠注意**
> $-3^2 = (-3) \times (-3) = 9$と
> しないよう気をつける。

1 次の計算をしなさい。

(1) $(-17)-(-20)$ 　　　　(2) $(-16)-(-18)$

(3) $13+(-6)-(-11)$ 　　　(4) $(-25)-(-9)-(+4)$

【解き方】

(1) $(-17)-(-20)$

$=-17+20$ 　　　かっこをはずす。$A-(-B)=A+B$

$=3$ 　　　　　　-17 より 20 大きい。

　　　　　　　　　　　　　　　　　　　　　3 　解答

(2) $(-16)-(-18)$

$=-16+18$ 　　　かっこをはずす。$A-(-B)=A+B$

$=2$ 　　　　　　-16 より 18 大きい。

　　　　　　　　　　　　　　　　　　　　　2 　解答

(3) $13+(-6)-(-11)$

$=13-6+11$ 　　　かっこをはずす。$A+(-B)=A-B$

$=13+11-6$ 　　　順序を変える。

$=24-6$ 　　　　　正の数どうしを計算する。

$=18$ 　　　　　　24 より 6 小さい。

　　　　　　　　　　　　　　　　　　　　　18 　解答

(4) $(-25)-(-9)-(+4)$

$=-25+9-4$ 　　　かっこをはずす。$A-(-B)=A+B$

$=9-25-4$ 　　　　順序を変える。

$=9-29$ 　　　　　負の数どうしを計算する。

$=-20$ 　　　　　　9 より 29 小さい。

　　　　　　　　　　　　　　　　　　　　　-20 　解答

2 次の計算をしなさい。

(1)　$-2^3 \times 6 \div 4$

(2)　$(-4)^2 \times 27 \div (-3)^3$

(3)　$(-2)^3 \times 9 + (-3)^2$

(4)　$-6^2 - 7 \times (-2)^3$

【解き方】

(1)　$-2^3 \times 6 \div 4$

$= -(2 \times 2 \times 2) \times 6 \div 4$ ← 指数の計算をする。

$= -8 \times 6 \times \dfrac{1}{4}$ ← 逆数のかけ算にする。

$= -\dfrac{\overset{2}{8} \times 6 \times 1}{1 \times 1 \times \underset{1}{4}}$ ← 負の数が1個→答えの符号は−

$= -12$ ← 約分する。

-12 **解答**

(2)　$(-4)^2 \times 27 \div (-3)^3$

$= (-4) \times (-4) \times 27 \div \{(-3) \times (-3) \times (-3)\}$ ← 指数の計算をする。

$= 16 \times 27 \div (-27)$

$= 16 \times 27 \times \left(-\dfrac{1}{27}\right)$ ← 逆数のかけ算にする。

← 負の数が1個
→答えの符号は−

$= -16$

-16 **解答**

(3)　$(-2)^3 \times 9 + (-3)^2$

$= (-2) \times (-2) \times (-2) \times 9 + (-3) \times (-3)$ ← 指数の計算をする。

$= (-8) \times 9 + 9$

$= -72 + 9$ ← かけ算をする。

$= -63$ ← たし算をする。

-63 **解答**

(4)　$-6^2 - 7 \times (-2)^3$

$= -(6 \times 6) - 7 \times (-2) \times (-2) \times (-2)$ ← 指数の計算をする。

$= -36 - 7 \times (-8)$

$= -36 - (-56)$ ← かけ算をする。

$= -36 + 56$

$= 20$

20 **解答**

解法の ツボ

四則計算の順序
指数の計算→かけ算・わり算→たし算・ひき算

式の値と文字式の計算

ここが
出題される
式の値の計算と，分配法則を利用した文字式の計算が出題されます。どちらも，マイナスの符号を正しく処理することで，正確な計算を目指しましょう。

POINT 1　文字に数値を代入する

▶負の数は（　）をつけて代入する。

　例　$x = -3$ のとき，$2x + 7$ の値

　　$2x + 7 = 2 \times x + 7 = 2 \times (-3) + 7 = 1$

　　　　　　　　（　）をつけて代入

● 式の値を求めるには，与えられた文字式に，数値を代入します。
　負の数を代入するときには必ず（　）をつけます。

● 式の値を求める手順

① ×，÷のある式に直す。

② 文字に数を代入する。　　← 負の数を代入するときに注意

③ 四則計算をする。　　← ×，÷ → ＋，－の順

 例題 1

$x = -2$ のとき，次の式の値を求めなさい。

(1)　$5x + 6$ 　　　　　　　　　　(2)　$-4x - 3$

解答・解説

(1)　$5x + 6$
$= 5 \times x + 6$ 　　×のある式に直す。
$= 5 \times (-2) + 6$ 　　$x = -2$ を代入する。
$= -10 + 6$ 　　かけ算をする。
$= -4$ 　**答** 　　たし算をする。

(2)　$-4x - 3$
$= -4 \times x - 3$ 　　×のある式に直す。
$= -4 \times (-2) - 3$ 　　$x = -2$ を代入する。
$= 8 - 3$ 　　かけ算をする。
$= 5$ 　**答** 　　ひき算をする。

負の数は（　）をつけて代入するんですね。

POINT2　文字式の計算

▶分配法則を使ってかっこをはずし,文字の部分が同じ項をまとめる。
　分配法則　$m(a+b) = ma+mb$

● かっこをはずすときは,（　）の前の符号に注意します。

　+（　）　→　そのまま（　）をはずす。

　−（　）　→　符号を変えて（　）をはずす。

　　例　$2x + (3x - 5) = 2x + 3x - 5$

　　　　$2x - (3x - 5) = 2x - 3x + 5$

● 数×多項式は,分配法則を使ってかっこをはずします。

　・たし算…分配法則を使ってかっこをはずす。

　　例　$2(\overset{①}{x} + \overset{②}{3}) + 3(\overset{③}{2x} - \overset{④}{1}) = \underset{①}{2x} + \underset{②}{6} + \underset{③}{6x} - \underset{④}{3}$

　・ひき算…ひくほうの式の各項の符号を変えてかっこをはずす。

　　例　$2(x + 3) - 3(2x - 1) = 2x + 6 - 6x + 3$

　　　　　　　　　　　　符号を変える

例題2

次の計算をしなさい。

　　$0.4(3a - 2) - 0.3(7a - 5)$

解答・解説

$$0.4(3a - 2) - 0.3(7a - 5)$$

$= 0.4 \times 3a - 0.4 \times 2 - 0.3 \times 7a - 0.3 \times (-5)$　｜分配法則を使って（　）をはずす。

$= 1.2a - 0.8 - 2.1a + 1.5$

$= 1.2a - 2.1a - 0.8 + 1.5$　｜項をまとめる。

$= (1.2 - 2.1)a + (-0.8 + 1.5)$

$= -0.9a + 0.7$　答

解き方と解答 52〜53ページ

1 $x = -5$ のとき，次の式の値を求めなさい。

(1) $x + 8$

(2) $2x + 3$

(3) $-4x - 11$

(4) $-2x^2 + 3x$

2 次の計算をしなさい。

(1) $2(2x - 3) - (3x + 5)$

(2) $0.5(5x + 6) - 0.6(7x + 2)$

(3) $\dfrac{1}{2}(4x - 6) + \dfrac{4}{5}(15x + 10)$

(4) $\dfrac{2x - 4}{3} - \dfrac{3x - 5}{2}$

B チャレンジ問題

得点

全**8**問

解き方と解答 54～55ページ

1 $x = -6$ のとき，次の式の値を求めなさい。

(1) $8x + 28$

(2) $12 - 3x$

(3) $x^2 - 5x$

過去 (4) $2x^2 - 4x$

2 次の計算をしなさい。

(1) $4(7x + 2) - 6(4x - 3)$

(2) $0.7(2x - 3) - 0.3(9x + 2)$

(3) $\dfrac{4}{3}(9x - 6) - \dfrac{3}{4}(12x - 16)$

(4) $\dfrac{x - 5}{6} - \dfrac{3x + 1}{4}$

解き方と解答

問題 50ページ

1 $x = -5$ のとき，次の式の値を求めなさい。

(1)　$x + 8$

(2)　$2x + 3$

(3)　$-4x - 11$

(4)　$-2x^2 + 3x$

【解き方】

$x = -5$を各式に代入する。

(1)　$x + 8$

$= (-5) + 8$　　⎤ $x = -5$ を代入する。

$= 3$ 　　　　　　　　　　　　　　　　　　　**3** 解答

(2)　$2x + 3$

$= 2 \times x + 3$　　⎤ ×のある式に直す。

$= 2 \times (-5) + 3$　⎤ $x = -5$ を代入する。

$= -10 + 3$　　　　⎤ かけ算をする。

$= -7$ 　　　　　　　　　　　　　　　　　　**-7** 解答

(3)　$-4x - 11$

$= -4 \times x - 11$　　⎤ ×のある式に直す。

$= -4 \times (-5) - 11$　⎤ $x = -5$ を代入する。

$= 20 - 11$　　　　　⎤ かけ算をする。

$= 9$ 　　　　　　　　　　　　　　　　　　　**9** 解答

(4)　$-2x^2 + 3x$

$= -2 \times x^2 + 3 \times x$　　⎤ ×のある式に直す。

$= -2 \times (-5)^2 + 3 \times (-5)$　⎤ $x = -5$ を代入する。

$= -2 \times 25 - 15$　　　　⎤ 指数の計算をする。$(-5) \times (-5) = 25$

$= -50 - 15$

$= -65$ 　　　　　　　　　　　　　　　　　**-65** 解答

2 次の計算をしなさい。

(1)　$2(2x-3)-(3x+5)$　　　　(2)　$0.5(5x+6)-0.6(7x+2)$

(3)　$\dfrac{1}{2}(4x-6)+\dfrac{4}{5}(15x+10)$　(4)　$\dfrac{2x-4}{3}-\dfrac{3x-5}{2}$

【解き方】

(1)　$2(2x-3)-(3x+5)$　　分配法則を使って（ ）をはずす。
$=4x-6-3x-5$　　項をまとめる。
$=x-11$

$x-11$　解答

(2)　$0.5(5x+6)-0.6(7x+2)$　分配法則を使って（ ）をはずす。
$=2.5x+3-4.2x-1.2$　　項をまとめる。
$=-1.7x+1.8$

$-1.7x+1.8$　解答

(3)　$\dfrac{1}{2}(4x-6)+\dfrac{4}{5}(15x+10)$　分配法則を使って（ ）をはずす。

$=\dfrac{1}{2}\times\overset{2}{4}x-\dfrac{1}{2}\times\overset{3}{6}+\dfrac{4}{5}\times\overset{3}{15}x+\dfrac{4}{5}\times\overset{2}{10}$

$=2x-3+12x+8$　　項をまとめる。
$=14x+5$

$14x+5$　解答

(4)　$\dfrac{2x-4}{3}-\dfrac{3x-5}{2}$　通分する。

$=\dfrac{2(2x-4)-3(3x-5)}{6}$　分配法則を使って（ ）をはずす。

$=\dfrac{4x-8-9x+15}{6}$　　分子の項をまとめる。

$=\dfrac{-5x+7}{6}$

$\dfrac{-5x+7}{6}$　解答

1 $x = -6$ のとき，次の式の値を求めなさい。

(1)　$8x + 28$　　　　　　(2)　$12 - 3x$

(3)　$x^2 - 5x$　　　　　　(4)　$2x^2 - 4x$

【解き方】

$x = -6$ を各式に代入する。

(1)　$8x + 28$
$$= 8 \times x + 28$$
$$= 8 \times (-6) + 28$$
$$= -48 + 28$$
$$= -20$$

×のある式に直す。

$x = -6$ を代入する。

かけ算をする。

-20 **解答**

(2)　$12 - 3x$
$$= 12 - 3 \times x$$
$$= 12 - 3 \times (-6)$$
$$= 12 + 18$$
$$= 30$$

×のある式に直す。

$x = -6$ を代入する。

かけ算をする。

30 **解答**

(3)　$x^2 - 5x$
$$= x^2 - 5 \times x$$
$$= (-6)^2 - 5 \times (-6)$$
$$= 36 + 30$$
$$= 66$$

×のある式に直す。

$x = -6$ を代入する。

指数の計算をする。$(-6) \times (-6) = 36$

66 **解答**

(4)　$2x^2 - 4x$
$$= 2 \times x^2 - 4 \times x$$
$$= 2 \times (-6)^2 - 4 \times (-6)$$
$$= 2 \times 36 + 24$$
$$= 72 + 24$$
$$= 96$$

×のある式に直す。

$x = -6$ を代入する。

指数の計算をする。

96 **解答**

2 次の計算をしなさい。

(1)　$4(7x+2)-6(4x-3)$　　　　(2)　$0.7(2x-3)-0.3(9x+2)$

(3)　$\dfrac{4}{3}(9x-6)-\dfrac{3}{4}(12x-16)$　　(4)　$\dfrac{x-5}{6}-\dfrac{3x+1}{4}$

【解き方】

(1)　$4(7x+2) \; -6(4x-3)$
$= 28x+8-24x+18$　　　分配法則を使って（　）をはずす。
$= 4x+26$　　　　　　　　項をまとめる。

$4x+26$　**解答**

(2)　$0.7(2x-3) \; -0.3(9x+2)$
$= 1.4x-2.1-2.7x-0.6$　　分配法則を使って（　）をはずす。
$= -1.3x-2.7$　　　　　　項をまとめる。

$-1.3x-2.7$　**解答**

(3)　$\dfrac{4}{3}(9x-6) \; -\dfrac{3}{4}(12x-16)$

$=\dfrac{4}{3}\times\overset{3}{9}x-\dfrac{4}{3}\times\overset{2}{6}-\dfrac{3}{4}\times\overset{3}{12}x+\dfrac{3}{4}\times\overset{4}{16}$　　分配法則を使って（　）をはずす。

$= 12x-8-9x+12$　　　　項をまとめる。

$= 3x+4$

$3x+4$　**解答**

(4)　$\dfrac{x-5}{6}-\dfrac{3x+1}{4}$　　　通分する。

$=\dfrac{2(x-5)\;-3(3x+1)}{12}$　　分配法則を使って（　）をはずす。

$=\dfrac{2x-10-9x-3}{12}$　　　分子の項をまとめる。

$=\dfrac{-7x-13}{12}$

$\dfrac{-7x-13}{12}$　**解答**

5 最大公約数と最小公倍数

ここが 出題される
公約数・最大公約数と公倍数・最小公倍数の意味をしっかり理解しましょう。最大公約数や最小公倍数を求めるときは，公約数や公倍数を書き並べて考えるとよいでしょう。

ⓟOINT1 　公約数・最大公約数

▶**公約数・最大公約数**
・公約数…いくつかの自然数に共通する約数
・最大公約数…もっとも大きい公約数

● 公約数の求め方

例 　12と18の公約数

$\left\{\begin{array}{l}\text{12の約数} → 1, 2, 3, 4, 6, 12\\ \text{18の約数} → 1, 2, 3, 6, 9, 18\end{array}\right.$

12と18の公約数（12と18に共通する約数） → 1, 2, 3, 6

12と18の最大公約数 → 6

> 最大公約数のすべての約数が公約数になるよ。

 例題1

48と72の公約数をすべて求めなさい。また，最大公約数を求めなさい。

解答・解説

48の約数 → 1, 2, 3, 4, 6, 8, 12, 16, 24, 48

48
1×48, 2×24, 3×16,
4×12, 6×8

72の約数 → 1, 2, 3, 4, 6, 8, 9, 12, 18, 24, 36, 72

72
1×72, 2×36, 3×24,
4×18, 6×12, 8×9

よって，48と72の公約数と最大公約数は，

　　公約数　1, 2, 3, 4, 6, 8, 12, 24　最大公約数　24 **答**

OINT2 　　　公倍数・最小公倍数

▶公倍数・最小公倍数
・公倍数…いくつかの自然数に共通する倍数
・最小公倍数…もっとも小さい公倍数

● 公倍数の求め方

例　16と20の公倍数

16の倍数 → 16，32，48，64，80，96，112，128，144，160，
　　　　　　176，192，208，224，240，256，272，288，304，320，…

20の倍数 → 20，40，60，80，100，120，140，160，180，200，
　　　　　　220，240，260，280，300，320，…

16と20の公倍数（16と20に共通する倍数）→ 80，160，240，320，…

16と20の最小公倍数 → 80

最小公倍数のすべての
倍数が公倍数になるよ。

例題2

24と32の最小公倍数を求め，公倍数を小さいほうから4つ求めなさい。

解答・解説

24の倍数 → 24，48，72，96，…

32の倍数 → 32，64，96，…

最小公倍数が96だから，公倍数は96の倍数とわかる。

よって，24と32の最小公倍数と，小さいほうから4つの公倍数は，

　　　　　最小公倍数　96

　　　　　小さいほうから4つの公倍数　96，192，288，384　**答**

> 書き並べる求め方をマスターしたら，この求め方にも挑戦してみましょう。

▶ 2つの数の最大公約数と最小公倍数

・2つの数を並べて，2つの数の公約数でわっていく。

▶ 3つの数の最大公約数と最小公倍数

・3つの数を並べて，3つの数の公約数でわっていく。<u>3つの数の公約数でわれなくても，2つの数に公約数があればさらにわる。</u>

● 40と70の最大公約数と最小公倍数

例
$$2\,)\!\!\underline{\;40\quad 70\;}\quad ←2でわる。$$
$$5\,)\!\!\underline{\;20\quad 35\;}\quad ←5でわる。$$
$$\;4\quad 7$$

最大公約数　$2×5=10$

最小公倍数　$10×4×7=280$

● 28と35と42の最大公約数と最小公倍数

例
$$7\,)\!\!\underline{\;28\quad 35\quad 42\;}\quad ←7でわる。$$
$$2\,)\!\!\underline{\;\;4\quad\;\; 5\quad\;\; 6\;}\quad ←2で4と6をわる。$$
$$\;\;2\quad\;\; 5\quad\;\; 3\quad ←われない5は下におろす。$$

最大公約数　7　　最小公倍数　$7×2×2×5×3=420$

例題3

次の（　）の中の数の最大公約数と最小公倍数を求めなさい。

(1)　(15, 24)　　　　　　　　　　(2)　(22, 33, 99)

解答・解説

(1)
$$3\,)\!\!\underline{\;15\quad 24\;}\quad ←3でわる。$$
$$\;\;5\quad\;\; 8$$

最大公約数　3

最小公倍数　$3×5×8=120$

　　　　　最大公約数　3　　最小公倍数　120　答

(2)
$$11\,)\!\!\underline{\;22\quad 33\quad 99\;}\quad ←11でわる。$$
$$3\,)\!\!\underline{\;\;\,2\quad\;\; 3\quad\;\; 9\;}\quad ←3で3と9をわる。$$
$$\;\;\;2\quad\;\; 1\quad\;\; 3\quad ←われない2は下におろす。$$

最大公約数　11　　最小公倍数　$11×3×2×1×3=198$

　　　　　最大公約数　11　　最小公倍数　198　答

58

A チャレンジ問題

得点

全**4**問

解き方と解答 60ページ

1 次の（ ）の中の数の最大公約数と最小公倍数を，それぞれ求めなさい。

(1) （24，64）

(2) （36，60）

(3) （18，36，48）

(4) （42，63，84）

B チャレンジ問題

得点

全**4**問

解き方と解答 61ページ

1 次の（ ）の中の数の最大公約数と最小公倍数を，それぞれ求めなさい。

(1) （42，56）

(2) （48，80）

(3) （30，45，54）

(4) （36，72，96）

1 次の（ ）の中の数の最大公約数と最小公倍数を，それぞれ求めなさい。

(1) （24，64）　　　　　(2) （36，60）

(3) （18，36，48）　　　(4) （42，63，84）

【解き方】　約数を「○，○，○」，倍数を ｛○，○，○，…｝と表す。

(1)　24 →「1，2，3，4，6，8，12，24」
　　　　　　｛24，48，72，96，120，144，168，192，…｝
　　　64 →「1，2，4，8，16，32，64」｛64，128，192，…｝

　　　　　　　　　　　最大公約数 8，最小公倍数 192　　解答

(2)　36 →「1，2，3，4，6，9，12，18，36」｛36，72，108，144，180，…｝
　　　60 →「1，2，3，4，5，6，10，12，15，20，30，60」｛60，120，180，…｝

　　　　　　　　　　　最大公約数 12，最小公倍数 180　　解答

(3)　18 →「1，2，3，6，9，18」
　　　　　　｛18，36，54，72，90，108，126，144，…｝
　　　36 →「1，2，3，4，6，9，12，18，36」｛36，72，108，144，…｝
　　　48 →「1，2，3，4，6，8，12，16，24，48」｛48，96，144，…｝

　　　　　　　　　　　最大公約数 6，最小公倍数 144　　解答

(4)　42 →「1，2，3，6，7，14，21，42」
　　　　　　｛42，84，126，168，210，252，…｝
　　　63 →「1，3，7，9，21，63」｛63，126，189，252，…｝
　　　84 →「1，2，3，4，6，7，12，14，21，28，42，84」
　　　　　　｛84，168，252，…｝

　　　　　　　　　　　最大公約数 21，最小公倍数 252　　解答

B 解き方と解答

問題 59ページ

1 次の（　）の中の数の最大公約数と最小公倍数を，それぞれ求めなさい。

(1) （42, 56） (2) （48, 80）

(3) （30, 45, 54） (4) （36, 72, 96）

【解き方】 約数を「○，○，○」，倍数を｛○，○，○，…｝と表す。

(1) 42 →「1, 2, 3, 6, 7, 14, 21, 42」｛42, 84, 126, 168, …｝
　　56 →「1, 2, 4, 7, 8, 14, 28, 56」｛56, 112, 168, …｝

最大公約数 14，最小公倍数 168　解答

(2) 48 →「1, 2, 3, 4, 6, 8, 12, 16, 24, 48」
　　　　｛48, 96, 144, 192, 240, …｝
　　80 →「1, 2, 4, 5, 8, 10, 16, 20, 40, 80」｛80, 160, 240, …｝

最大公約数 16，最小公倍数 240　解答

(3) 30 →「1, 2, 3, 5, 6, 10, 15, 30」
　　　　｛30, 60, 90, 120, 150, 180, 210, 240, 270, …｝
　　45 →「1, 3, 5, 9, 15, 45」
　　　　｛45, 90, 135, 180, 225, 270, …｝
　　54 →「1, 2, 3, 6, 9, 18, 27, 54」
　　　　｛54, 108, 162, 216, 270, …｝

最大公約数 3，最小公倍数 270　解答

(4) 36 →「1, 2, 3, 4, 6, 9, 12, 18, 36」
　　　　｛36, 72, 108, 144, 180, 216, 252, 288, …｝
　　72 →「1, 2, 3, 4, 6, 8, 9, 12, 18, 24, 36, 72」
　　　　｛72, 144, 216, 288, …｝
　　96 →「1, 2, 3, 4, 6, 8, 12, 16, 24, 32, 48, 96」
　　　　｛96, 192, 288, …｝

最大公約数 12，最小公倍数 288　解答

6 比

ここが
出題される ▶ 簡単な整数の比にすることや，比の性質を利用して□にあ
てはまる数を求める問題が出題されます。比の性質をしっ
かり理解するようにしましょう。

POINT 1　比の性質

▶比の両方の数に同じ数をかけても，同じ数でわっても，その比は
すべて等しい。

$$3 : 5 \overset{\times 3}{=} 9 : 15 \quad \boxed{\text{比は等しい}}$$
$$\underset{\times 3}{}$$

● 比を簡単にする方法

・整数の比　→　比の両方を**公約数でわります。**

・分数の比　→　比の両方に**分母の最小公倍数をかけます。**

・小数の比　→　比の両方を**10倍，100倍，…します。**

例　$36 : 27$　をもっとも簡単な整数の比にします。

$$36 : 27 = 12 : 9 \longleftarrow \text{公約数3でわる。}$$
$$= 4 : 3 \longleftarrow \text{公約数3でわる。}$$

 はじめから，最大公約数 9 でわっても答えを求めることができるんですね。

⇒ 例題 1

$\dfrac{3}{4} : \dfrac{2}{3}$ をもっとも簡単な整数の比にしなさい。

解答・解説

$$\dfrac{3}{4} : \dfrac{2}{3}$$

$$= \left(\dfrac{3}{4} \times 12 \right) : \left(\dfrac{2}{3} \times 12 \right) \longleftarrow \begin{array}{l} 4 \text{と} 3 \text{の最小公倍数} \\ 12 \text{をかける。} \end{array}$$

$$= 9 : 8 \ \boxed{\text{答}} \qquad\qquad\quad \longleftarrow \text{約分する。}$$

・4 の倍数
　→ 4, 8, 12, 16, …
・3 の倍数
　→ 3, 6, 9, 12, …

4 と 3 の最小公倍数

Ⓟoint 2 □にあてはまる数

▶ （外側の項の積）＝（内側の項の積）を利用して計算

$$a : \underline{b} = \underline{c} : d \quad ならば \quad ad = \underline{bc}$$

● 比で表された式の中の□にあてはまる数を求める場合，

「$a : \underline{b} = \underline{c} : d$ ならば $ad = \underline{bc}$」 ←外側の項の積と内側の項の積は等しい。

であることを利用すると，簡単に計算することができます。

例 　$3 : 8 = 15 : □$　で□にあてはまる数を求めます。

$$3 : \underline{8} = \underline{15} : □$$

（外側の項の積）＝（内側の項の積）

$$3 × □ = \underline{8} × \underline{15}$$

$$3 × □ = 120$$

$$□ = 120 ÷ 3$$

$$□ = 40$$

> **!注意**
> $3 × 8 = 15 × □$ としないように気をつける。

➡例題 2

次の式の□にあてはまる数を求めなさい。

$12 : □ = 36 : 21$

解答・解説

$$12 : □ = \underline{36} : 21$$

（外側の項の積）＝（内側の項の積）

$$12 × \underline{21} = □ × \underline{36}$$

$$□ × 36 = 252$$

$$□ = 252 ÷ 36$$

$$□ = 7 \quad 答$$

$$\begin{array}{r} 7 \\ 36 \overline{\smash{)}252} \\ \underline{252} \\ 0 \end{array}$$

A チャレンジ問題

解き方と解答 66〜68ページ

1 次の比をもっとも簡単な整数の比にしなさい。

(1) $9:6$

(2) $18:45$

過去(3) $24:64$

過去(4) $56:42$

(5) $\dfrac{5}{3}:\dfrac{2}{3}$

過去(6) $\dfrac{8}{9}:\dfrac{1}{3}$

2 次の式の□にあてはまる数を求めなさい。

過去(1) $9:4=\square:16$

過去(2) $7:5=\square:30$

過去(3) $42:24=\square:8$

(4) $35:\square=5:6$

(5) $\square:56=3:7$

(6) $32:80=2:\square$

B チャレンジ問題

解き方と解答 69〜71ページ

得点

全**12**問

1 次の比をもっとも簡単な整数の比にしなさい。

過去(1) $\dfrac{4}{5} : \dfrac{8}{15}$

(2) $\dfrac{3}{7} : \dfrac{2}{5}$

過去(3) $\dfrac{2}{3} : 1\dfrac{1}{9}$

(4) $2\dfrac{3}{4} : 1\dfrac{2}{3}$

(5) $1.6 : 2.4$

(6) $3.6 : 0.8$

2 次の式の□にあてはまる数を求めなさい。

過去(1) $1.6 : 0.8 = 4 : \square$

過去(2) $2.8 : 4.2 = 4 : \square$

過去(3) $1.2 : 0.5 = 6 : \square$

過去(4) $3.6 : 4.2 = 12 : \square$

(5) $\dfrac{2}{3} : \dfrac{1}{2} = \square : 6$

(6) $\dfrac{3}{5} : \dfrac{1}{4} = 24 : \square$

1 次の比をもっとも簡単な整数の比にしなさい。

(1)　9：6　　　　　　　　(2)　18：45

(3)　24：64　　　　　　　(4)　56：42

(5)　$\dfrac{5}{3}：\dfrac{2}{3}$　　　　　　(6)　$\dfrac{8}{9}：\dfrac{1}{3}$

【解き方】

(1)　9：6
= (9÷3)：(6÷3)　　←　公約数 3 でわる。
= 3：2　　　　　　　　　　　　　　　　　3：2　**解答**

(2)　18：45
= (18÷3)：(45÷3)　←　公約数 3 でわる。
= 6：15　　　　　　　　　　　　　　　　最大公約数9でわる
= (6÷3)：(15÷3)　←　公約数3でわる。　 こともできる。
= 2：5　　　　　　　　　　　　　　　　　2：5　**解答**

(3)　24：64
= (24÷2)：(64÷2)　←　公約数 2 でわる。
= 12：32
= (12÷2)：(32÷2)　←　公約数2でわる。　最大公約数8でわる
= 6：16　　　　　　　　　　　　　　　　こともできる。
= (6÷2)：(16÷2)　←　公約数2でわる。
= 3：8　　　　　　　　　　　　　　　　　3：8　**解答**

(4)　56：42
= (56÷2)：(42÷2)　←　公約数 2 でわる。
= 28：21　　　　　　　　　　　　　　　最大公約数14でわる
= (28÷7)：(21÷7)　←　公約数7でわる。　こともできる。
= 4：3　　　　　　　　4：3　**解答**

はじめから，最大公約数で
わって比を簡単にする練習
もしておきましょう。

(5)　$\dfrac{5}{3} : \dfrac{2}{3}$

　　$= \left(\dfrac{5}{3} \times 3\right) : \left(\dfrac{2}{3} \times 3\right)$ ← 3 をかける。

　　$= 5 : 2$

5：2　**解答**

(6)　$\dfrac{8}{9} : \dfrac{1}{3}$

　　$= \left(\dfrac{8}{9} \times 9\right) : \left(\dfrac{1}{3} \times 9\right)$ ← 9と3の最小公倍数の 9 をかける。

　　$= 8 : 3$

8：3　**解答**

---

2 次の式の□にあてはまる数を求めなさい。

(1)　$9 : 4 = \square : 16$ 　　(2)　$7 : 5 = \square : 30$

(3)　$42 : 24 = \square : 8$ 　　(4)　$35 : \square = 5 : 6$

(5)　$\square : 56 = 3 : 7$ 　　(6)　$32 : 80 = 2 : \square$

【解き方】

(1)　$9 : 4 = \square : 16$ 　　┐外側の項の積…9×16
　　　　　　　　　　　　　　┘内側の項の積…4×□

　　$4 \times \square = 9 \times 16$

　　$4 \times \square = 144$

　　$\square = 144 \div 4$

　　$\square = 36$

確認！

比の性質
「$a : b = c : d$」
　ならば
「$ad = bc$」，
「$bc = ad$」

36　**解答**

(2)　$7 : 5 = \square : 30$ 　　┐外側の項の積…7×30
　　　　　　　　　　　　　　┘内側の項の積…5×□

　　$5 \times \square = 7 \times 30$

　　$5 \times \square = 210$

　　$\square = 210 \div 5$

　　$\square = 42$

42　**解答**

(3) $\underline{42} : \underline{24} = \boxed{} : \boxed{8}$

$\underline{24} \times \boxed{} = \boxed{42} \times \boxed{8}$ ⟶ 外側の項の積…42×8
⟵ 内側の項の積…24×□

$\underline{24} \times \boxed{} = 336$

$\boxed{} = 336 \div 24$

$\boxed{} = 14$

↩確認！

42×8＝24×□を
24×□＝42×8 の
ように左辺と右辺
を入れかえること
ができる。

14 解答

(4) $\underline{35} : \boxed{} = \underline{5} : \boxed{6}$

$\underline{5} \times \boxed{} = \underline{35} \times \boxed{6}$ ⟶ 外側の項の積…35×6
⟵ 内側の項の積…5×□

$5 \times \boxed{} = 210$

$\boxed{} = 210 \div 5$

$\boxed{} = 42$

42 解答

(5) $\boxed{} : \underline{56} = \underline{3} : \boxed{7}$

$7 \times \boxed{} = \underline{56} \times 3$ ⟶ 外側の項の積…7×□
⟵ 内側の項の積…56×3

$7 \times \boxed{} = 168$

$\boxed{} = 168 \div 7$

$\boxed{} = 24$

24 解答

(6) $\underline{32} : \underline{80} = \underline{2} : \boxed{}$

$32 \times \boxed{} = \underline{80} \times 2$ ⟶ 外側の項の積…32×□
⟵ 内側の項の積…80×2

$32 \times \boxed{} = 160$

$\boxed{} = 160 \div 32$

$\boxed{} = 5$

5 解答

「外側の項の積と内側の項
の積は等しい」という関係
を覚えておきましょう。

B 解き方と解答

問題 65ページ

1 次の比をもっとも簡単な整数の比にしなさい。

(1) $\dfrac{4}{5} : \dfrac{8}{15}$

(2) $\dfrac{3}{7} : \dfrac{2}{5}$

(3) $\dfrac{2}{3} : 1\dfrac{1}{9}$

(4) $2\dfrac{3}{4} : 1\dfrac{2}{3}$

(5) $1.6 : 2.4$

(6) $3.6 : 0.8$

【解き方】

(1) $\dfrac{4}{5} : \dfrac{8}{15}$

$= \left(\dfrac{4}{5} \times 15\right) : \left(\dfrac{8}{15} \times 15\right)$ ⟵ 5と15の最小公倍数の15をかける。

$= 12 : 8$

$= (12 \div 4) : (8 \div 4)$ ⟵ 公約数4でわる。

$= 3 : 2$

3 : 2 解答

(2) $\dfrac{3}{7} : \dfrac{2}{5}$

$= \left(\dfrac{3}{7} \times 35\right) : \left(\dfrac{2}{5} \times 35\right)$ ⟵ 7と5の最小公倍数の35をかける。

$= 15 : 14$

15 : 14 解答

(3) $\dfrac{2}{3} : 1\dfrac{1}{9}$

⟵ 帯分数を仮分数にする。

$1\dfrac{1}{9} = \dfrac{9 \times 1 + 1}{9}$

$= \dfrac{2}{3} : \dfrac{10}{9}$

$= \left(\dfrac{2}{3} \times 9\right) : \left(\dfrac{10}{9} \times 9\right)$ ⟵ 3と9の最小公倍数の9をかける。

$= 6 : 10$

$= (6 \div 2) : (10 \div 2)$ ⟵ 公約数2でわる。

$= 3 : 5$

3 : 5 解答

↻ 確認！

仮分数への直し方

$\dfrac{\blacktriangle}{\blacksquare} = \dfrac{\blacksquare \times \bullet + \blacktriangle}{\blacksquare}$

(4) $2\dfrac{3}{4} : 1\dfrac{2}{3}$

$= \dfrac{11}{4} : \dfrac{5}{3}$ 帯分数を仮分数にする。

$2\dfrac{3}{4} = \dfrac{4 \times 2 + 3}{4}, \ 1\dfrac{2}{3} = \dfrac{3 \times 1 + 2}{3}$

$= \left(\dfrac{11}{4} \times 12\right) : \left(\dfrac{5}{3} \times 12\right)$ 4と3の最小公倍数の 12 をかける。

$= 33 : 20$

33 : 20 解答

(5) $1.6 : 2.4$

$= (1.6 \times 10) : (2.4 \times 10)$ 10をかける。

$= 16 : 24$

$= (16 \div 8) : (24 \div 8)$ 公約数 8 でわる。

$= 2 : 3$

解法の ツボ？

小数点がある場合は，
×10をして小数点を
とって考える。

2 : 3 解答

(6) $3.6 : 0.8$

$= (3.6 \times 10) : (0.8 \times 10)$ 10をかける。

$= 36 : 8$

$= (36 \div 4) : (8 \div 4)$ 公約数 4 でわる。

$= 9 : 2$

9 : 2 解答

---

2 次の式の□にあてはまる数を求めなさい。

(1) $1.6 : 0.8 = 4 : \square$ (2) $2.8 : 4.2 = 4 : \square$

(3) $1.2 : 0.5 = 6 : \square$ (4) $3.6 : 4.2 = 12 : \square$

(5) $\dfrac{2}{3} : \dfrac{1}{2} = \square : 6$ (6) $\dfrac{3}{5} : \dfrac{1}{4} = 24 : \square$

【解き方】

(1) $1.6 : 0.8 = 4 : \square$ 外側の項の積…1.6×□

$1.6 \times \square = 0.8 \times 4$ 内側の項の積…0.8×4

$1.6 \times \square = 3.2$

$\square = 3.2 \div 1.6$ 「かけ算」の逆算は「わり算」

$\square = 2$

2 解答

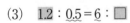

(2) $2.8 : 4.2 = 4 : \square$

$2.8 \times \square = 4.2 \times 4$

$2.8 \times \square = 16.8$

$\square = 6$　　$\square = 16.8 \div 2.8$

6　**解答**

(3) $1.2 : 0.5 = 6 : \square$

$1.2 \times \square = 0.5 \times 6$

$1.2 \times \square = 3$

$\square = 2.5$　　$\square = 3 \div 1.2$

2.5　**解答**

(4) $3.6 : 4.2 = 12 : \square$

$3.6 \times \square = 4.2 \times 12$

$3.6 \times \square = 50.4$

$\square = 14$　　$\square = 50.4 \div 3.6$

14　**解答**

(5) $\dfrac{2}{3} : \dfrac{1}{2} = \square : 6$

$\dfrac{1}{2} \times \square = \dfrac{2}{3} \times 6$

$\dfrac{1}{2} \times \square = 4$　　$\dfrac{2}{3} \times 6 = \dfrac{2}{3} \times \dfrac{6}{1}$

$\square = 8$　　$\square = 4 \div \dfrac{1}{2} = 4 \times \dfrac{2}{1}$

8　**解答**

(6) $\dfrac{3}{5} : \dfrac{1}{4} = 24 : \square$

$\dfrac{3}{5} \times \square = \dfrac{1}{4} \times 24$

$\dfrac{3}{5} \times \square = 6$　　$\dfrac{1}{4} \times 24 = \dfrac{1}{4} \times \dfrac{24}{1}$

$\square = 10$　　$\square = 6 \div \dfrac{3}{5} = 6 \times \dfrac{5}{3}$

10　**解答**

比が小数や分数でも計算方法は同じですね。

6 比

方程式

**ここが
出題される** ▶ 移項を利用する問題や,分数係数を含む問題が出題されます。特に,分数係数を含む方程式の解き方をしっかりマスターし,正確に答えを求めることができるようにしましょう。

POINT**1** **1次方程式の解き方**

▶ 移項して, $ax = b$ の形にする。

$$ax = b \Rightarrow x = \frac{b}{a}$$

● 1次方程式を解く手順

① 文字の項は左辺に,数の項は右辺に移項する。

② 両辺を整理して, $ax = b$ の形にする。

③ 両辺を x の係数でわる。

確認!
移項…一方の辺の項を,符号を変えて他方の辺に移すこと。

例 $5x + 7 = -3$

$5x = -3 - 7$

$5x = -10$

$x = -2$

① 移項する。

② $ax = b$ の形にする。

③ x の係数5でわる。

例題1

方程式 $3x + 5 = x - 3$ を解きなさい。

解答・解説

$3x + 5 = x - 3$

$3x - x = -3 - 5$

$2x = -8$

$x = -4$ **答**

x の項は左辺へ,数の項は右辺へ移項する。

$ax = b$ の形にする。

両辺を x の係数2でわる。

移項するときの符号の変化に注意するんですね。

72

POINT2 　分数係数の1次方程式

▶両辺に分母の最小公倍数をかけて，分母をはらう。

例　$\dfrac{2}{3}x - 1 = \dfrac{x}{4}$ 　両辺に12をかける ⟶ $8x - 12 = 3x$

● 係数に分数を含む1次方程式と解くときは，両辺に分母の最小公倍数をかけて，分母をはらってから計算します。

例　$\dfrac{1}{4}x + 5 = \dfrac{2}{3}x$

$\left(\dfrac{1}{4}x + 5\right) \times 12 = \dfrac{2}{3}x \times 12$

両辺に4と3の最小公倍数12をかけて，分母をはらう。

$3x + 60 = 8x$

移項する。

$3x - 8x = -60$

$ax = b$ の形にする。

$-5x = -60$

x の係数 −5 でわる。

$x = 12$

 例題2

方程式　$\dfrac{x+1}{2} = \dfrac{2x-4}{3}$ を解きなさい。

解答・解説

$\dfrac{x+1}{2} = \dfrac{2x-4}{3}$

$\dfrac{x+1}{2} \times 6 = \dfrac{2x-4}{3} \times 6$

両辺に2と3の最小公倍数6をかけて，分母をはらう。

（　）をつけて考える。

$3(x+1) = 2(2x-4)$

分配法則を使って（　）をはずす。

$3x + 3 = 4x - 8$

移項する。

$3x - 4x = -8 - 3$

$-x = -11$

$x = 11$ 答

 注意

分母をはらうときは，分子に（　）をつけて考える。

A チャレンジ問題

解き方と解答 76〜79ページ

1 次の方程式を解きなさい。

(1) $x - 6 = -4$

(2) $-4x = 32$

(3) $2x + 7 = 1$

(4) $3x = 8x - 20$

過去 (5) $5x - 6 = x + 10$

過去 (6) $9x + 4 = 3x - 14$

2 次の方程式を解きなさい。

(1) $\dfrac{1}{5}x + 3 = 2$

(2) $\dfrac{1}{2}x = 3 - x$

(3) $\dfrac{3}{4}x - 3 = \dfrac{1}{2}x$

(4) $\dfrac{1}{5}x = \dfrac{2}{3}x - \dfrac{14}{15}$

(5) $\dfrac{x}{6} - \dfrac{2}{3} = \dfrac{5}{6} - \dfrac{x}{3}$

過去 (6) $\dfrac{2x+7}{9} = \dfrac{5x-2}{3}$

B チャレンジ問題

解き方と解答 80～83ページ

1 次の方程式を解きなさい。

過去(1)　$8x - 5 = 5x + 7$

(2)　$13x - 9 = 7x + 15$

過去(3)　$4x + 5 = -3x - 37$

(4)　$9x - 8 = -5x - 22$

(5)　$7x - 14 = 11x + 2$

(6)　$-6x + 21 = 3x - 6$

2 次の方程式を解きなさい。

過去(1)　$\dfrac{8x - 1}{3} = \dfrac{9x + 7}{5}$

過去(2)　$\dfrac{3x - 5}{4} = \dfrac{4x - 5}{7}$

(3)　$\dfrac{x - 1}{8} = \dfrac{3x + 4}{10}$

過去(4)　$\dfrac{3x - 8}{12} = \dfrac{4x - 9}{18}$

(5)　$\dfrac{x + 1}{3} - \dfrac{3x - 4}{8} = 1$

過去(6)　$\dfrac{x - 1}{4} - \dfrac{5x + 3}{6} = 1$

1 次の方程式を解きなさい。

(1) $x - 6 = -4$

(2) $-4x = 32$

(3) $2x + 7 = 1$

(4) $3x = 8x - 20$

(5) $5x - 6 = x + 10$

(6) $9x + 4 = 3x - 14$

【解き方】

(1) $x - 6 = -4$

$x = -4 + 6$ ← 数の項を右辺へ移項する。

$x = 2$ ← $ax = b$ の形にする。

$$x = 2 \quad \boxed{\text{解答}}$$

(2) $-4x = 32$

$-4x \div (-4) = 32 \div (-4)$ ← 両辺を x の係数 -4 でわる。

$x = -8$ ← 答えの符号に注意する。

$$x = -8 \quad \boxed{\text{解答}}$$

(3) $2x + 7 = 1$

$2x = 1 - 7$ ← 数の項を右辺へ移項する。

$2x = -6$ ← $ax = b$ の形にする。

$2x \div 2 = -6 \div 2$ ← 両辺を x の係数 2 でわる。

$x = -3$

$$x = -3 \quad \boxed{\text{解答}}$$

(4) $3x = 8x - 20$

$3x - 8x = -20$ ← 文字の項を左辺へ移項する。

$-5x = -20$ ← $ax = b$ の形にする。

$-5x \div (-5) = -20 \div (-5)$ ← 両辺を x の係数 -5 でわる。

$x = 4$

$$x = 4 \quad \boxed{\text{解答}}$$

(5) $5x - 6 = x + 10$

$5x - x = 10 + 6$

$4x = 16$

$4x \div 4 = 16 \div 4$

$x = 4$

┐ x の項は左辺へ，数の項を右辺へ移項する。

┐ $ax = b$ の形にする。

┐ 両辺を x の係数 4 でわる。

$\underline{x = 4}$ 【解答】

(6) $9x + 4 = 3x - 14$

$9x - 3x = -14 - 4$

$6x = -18$

$6x \div 6 = -18 \div 6$

$x = -3$

┐ x の項は左辺へ，数の項を右辺へ移項する。

┐ $ax = b$ の形にする。

┐ 両辺を x の係数 6 でわる。

$\underline{x = -3}$ 【解答】

↩**確認！**

方程式を解くときは，移項→$ax = b$ の形→x の係数でわる，の順に計算する。

---

2 次の方程式を解きなさい。

(1) $\dfrac{1}{5}x + 3 = 2$ (2) $\dfrac{1}{2}x = 3 - x$

(3) $\dfrac{3}{4}x - 3 = \dfrac{1}{2}x$ (4) $\dfrac{1}{5}x = \dfrac{2}{3}x - \dfrac{14}{15}$

(5) $\dfrac{x}{6} - \dfrac{2}{3} = \dfrac{5}{6} - \dfrac{x}{3}$ (6) $\dfrac{2x + 7}{9} = \dfrac{5x - 2}{3}$

【解き方】

(1) $\dfrac{1}{5}x + 3 = 2$

$\left(\dfrac{1}{5}x + 3\right) \times 5 = 2 \times 5$

$\dfrac{1}{5}x \times 5 + 3 \times 5 = 10$

$x + 15 = 10$

$x = 10 - 15$

$x = -5$

┐ 両辺に 5 をかけて，分母をはらう。

┐ 数の項を右辺へ移項する。

$\underline{x = -5}$ 【解答】

(2)
$$\frac{1}{2}x = 3 - x$$

$$\frac{1}{2}x \times 2 = (3 - x) \times 2$$

両辺に 2 をかけて，分母をはらう。

$$x = 3 \times 2 - x \times 2$$

$$x = 6 - 2x$$

文字の項を左辺へ移項する。

$$x + 2x = 6$$

$ax = b$ の形にする。

$$3x = 6$$

両辺を x の係数 3 でわる。

$$3x \div 3 = 6 \div 3$$

$$x = 2$$

$$\boldsymbol{x = 2} \quad \boxed{\text{解答}}$$

(3)
$$\frac{3}{4}x - 3 = \frac{1}{2}x$$

$$\left(\frac{3}{4}x - 3\right) \times 4 = \frac{1}{2}x \times 4$$

両辺に 4 と 2 の最小公倍数 4 をかけて，分母をはらう。

$$\frac{3}{4}x \times 4 - 3 \times 4 = 2x$$

$$3x - 12 = 2x$$

$$3x - 2x = 12$$

文字の項を左辺へ，数の項を右辺へ移項する。

$$x = 12$$

$$\boldsymbol{x = 12} \quad \boxed{\text{解答}}$$

(4)
$$\frac{1}{5}x = \frac{2}{3}x - \frac{14}{15}$$

$$\frac{1}{5}x \times 15 = \left(\frac{2}{3}x - \frac{14}{15}\right) \times 15$$

両辺に 5 と 3 と 15 の最小公倍数 15 をかけて，分母をはらう。

$$3x = \frac{2}{3}x \times 15 - \frac{14}{15} \times 15$$

$$3x = 10x - 14$$

$$3x - 10x = -14$$

文字の項を左辺へ移項する。

$$-7x = -14$$

$ax = b$ の形にする。

$$-7x \div (-7) = -14 \div (-7)$$

両辺を x の係数 -7 でわる。

$$x = 2$$

$$\boldsymbol{x = 2} \quad \boxed{\text{解答}}$$

(5)
$$\frac{x}{6} - \frac{2}{3} = \frac{5}{6} - \frac{x}{3}$$

両辺に 6 と 3 の最小公倍数 6 をかけて，
分母をはらう。

$$\left(\frac{x}{6} - \frac{2}{3}\right) \times 6 = \left(\frac{5}{6} - \frac{x}{3}\right) \times 6$$

$$\frac{x}{6} \times 6 - \frac{2}{3} \times 6 = \frac{5}{6} \times 6 - \frac{x}{3} \times 6$$

$$x - 4 = 5 - 2x$$

文字の項を左辺へ，数の項を右辺へ移項
する。

$$x + 2x = 5 + 4$$

$ax = b$ の形にする。

$$3x = 9$$

$$3x \div 3 = 9 \div 3$$

両辺を x の係数 3 でわる。

$$x = 3$$

$\boldsymbol{x = 3}$ 　解答

(6)
$$\frac{2x + 7}{9} = \frac{5x - 2}{3}$$

両辺に 9 と 3 の最小公倍数 9 をかけて，
分母をはらう。

$$\frac{2x + 7}{9} \times 9 = \frac{5x - 2}{3} \times 9$$

$$2x + 7 = 3(5x - 2)$$

分配法則を使って（　）をはずす。

$$2x + 7 = 15x - 6$$

文字の項を左辺へ，数の項を右辺へ移項
する。

$$2x - 15x = -6 - 7$$

$$-13x = -13$$

$$-13x \div (-13) = -13 \div (-13)$$

両辺を x の係数 -13 でわる。

$$x = 1$$

$\boldsymbol{x = 1}$ 　解答

！注意

分子を何倍かするときは，
分子の式にかっこをつける。

↩確認！

かっこをはずすときは，
分配法則
$$\overset{\frown}{m(a} + b) = ma + mb$$
を利用する。

これだけは覚えておこう

〈分数係数の１次方程式〉

・両辺に分母の最小公倍数をかけて，分母をはらう。

・分母をはらうとき，分子にはかっこをつけて計算する。

1 次の方程式を解きなさい。

(1) $8x - 5 = 5x + 7$

(2) $13x - 9 = 7x + 15$

(3) $4x + 5 = -3x - 37$

(4) $9x - 8 = -5x - 22$

(5) $7x - 14 = 11x + 2$

(6) $-6x + 21 = 3x - 6$

【解き方】

(1)
$$8x - 5 = 5x + 7$$
$$8x - 5x = 7 + 5$$
$$3x = 12$$
$$3x \div 3 = 12 \div 3$$
$$x = 4$$

x の項は左辺へ，数の項を右辺へ移項する。

$ax = b$ の形にする。

両辺を x の係数 3 でわる。

$$\boldsymbol{x = 4} \quad \boxed{\text{解答}}$$

(2)
$$13x - 9 = 7x + 15$$
$$13x - 7x = 15 + 9$$
$$6x = 24$$
$$6x \div 6 = 24 \div 6$$
$$x = 4$$

x の項は左辺へ，数の項を右辺へ移項する。

$ax = b$ の形にする。

両辺を x の係数 6 でわる。

$$\boldsymbol{x = 4} \quad \boxed{\text{解答}}$$

(3)
$$4x + 5 = -3x - 37$$
$$4x + 3x = -37 - 5$$
$$7x = -42$$
$$7x \div 7 = -42 \div 7$$
$$x = -6$$

x の項は左辺へ，数の項を右辺へ移項する。

$ax = b$ の形にする。

両辺を x の係数 7 でわる。

> パターンをしっかり覚えると簡単に解けますね。

$$\boldsymbol{x = -6} \quad \boxed{\text{解答}}$$

(4) $9x - 8 = -5x - 22$ 　　┐x の項は左辺へ，数の項を右辺へ移項する。

$9x + 5x = -22 + 8$ 　　┐$ax = b$ の形にする。

$14x = -14$ 　　┐両辺を x の係数 14 でわる。

$14x \div 14 = -14 \div 14$

$x = -1$

$x = -1$ 　解答

(5) $7x - 14 = 11x + 2$ 　　┐x の項は左辺へ，数の項を右辺へ移項する。

$7x - 11x = 2 + 14$ 　　┐$ax = b$ の形にする。

$-4x = 16$ 　　┐両辺を x の係数 -4 でわる。

$-4x \div (-4) = 16 \div (-4)$

$x = -4$

$x = -4$ 　解答

(6) $-6x + 21 = 3x - 6$ 　　┐x の項は左辺へ，数の項を右辺へ移項する。

$-6x - 3x = -6 - 21$ 　　┐$ax = b$ の形にする。

$-9x = -27$ 　　┐両辺を x の係数 -9 でわる。

$-9x \div (-9) = -27 \div (-9)$

$x = 3$

$x = 3$ 　解答

2 次の方程式を解きなさい。

(1) $\dfrac{8x - 1}{3} = \dfrac{9x + 7}{5}$　　(2) $\dfrac{3x - 5}{4} = \dfrac{4x - 5}{7}$

(3) $\dfrac{x - 1}{8} = \dfrac{3x + 4}{10}$　　(4) $\dfrac{3x - 8}{12} = \dfrac{4x - 9}{18}$

(5) $\dfrac{x + 1}{3} - \dfrac{3x - 4}{8} = 1$　　(6) $\dfrac{x - 1}{4} - \dfrac{5x + 3}{6} = 1$

【解き方】

(1)
$$\frac{8x-1}{3} = \frac{9x+7}{5}$$

$$\left(\frac{8x-1}{3}\right) \times 15 = \left(\frac{9x+7}{5}\right) \times 15$$

両辺に 3 と 5 の最小公倍数 15 をかけて，分母をはらう。

$$5(8x-1) = 3(9x+7)$$
$$40x - 5 = 27x + 21$$
$$40x - 27x = 21 + 5$$

分配法則を使って( )をはずす。

文字の項を左辺へ，数の項を右辺へ移項する。

$$13x = 26$$
$$13x \div 13 = 26 \div 13$$

両辺を x の係数 13 でわる。

$$x = 2$$

$\boldsymbol{x = 2}$ 【解答】

(2)
$$\frac{3x-5}{4} = \frac{4x-5}{7}$$

$$\left(\frac{3x-5}{4}\right) \times 28 = \left(\frac{4x-5}{7}\right) \times 28$$

両辺に 4 と 7 の最小公倍数 28 をかけて，分母をはらう。

$$7(3x-5) = 4(4x-5)$$
$$21x - 35 = 16x - 20$$
$$21x - 16x = -20 + 35$$

分配法則を使って( )をはずす。

文字の項を左辺へ，数の項を右辺へ移項する。

$$5x = 15$$
$$5x \div 5 = 15 \div 5$$

両辺を x の係数 5 でわる。

$$x = 3$$

$\boldsymbol{x = 3}$ 【解答】

(3)
$$\frac{x-1}{8} = \frac{3x+4}{10}$$

$$\left(\frac{x-1}{8}\right) \times 40 = \left(\frac{3x+4}{10}\right) \times 40$$

両辺に 8 と 10 の最小公倍数 40 をかけて，分母をはらう。

$$5(x-1) = 4(3x+4)$$
$$5x - 5 = 12x + 16$$
$$5x - 12x = 16 + 5$$

分配法則を使って( )をはずす。

文字の項を左辺へ，数の項を右辺へ移項する。

$$-7x = 21$$
$$-7x \div (-7) = 21 \div (-7)$$

両辺を x の係数 -7 でわる。

$$x = -3$$

$\boldsymbol{x = -3}$ 【解答】

(4)
$$\frac{3x-8}{12} = \frac{4x-9}{18}$$

$$\left(\frac{3x-8}{12}\right) \times 36 = \left(\frac{4x-9}{18}\right) \times 36$$

両辺に 12 と 18 の最小公倍数36をかけて，分母をはらう。

$$3(3x-8) = 2(4x-9)$$
$$9x - 24 = 8x - 18$$
$$9x - 8x = -18 + 24$$
$$x = 6$$

分配則を使って（　）をはずす。

文字の項を左辺へ，数の項を右辺へ移項する。

$x = 6$ 　解答

(5)
$$\frac{x+1}{3} - \frac{3x-4}{8} = 1$$

$$\frac{x+1}{3} \times 24 - \frac{3x-4}{8} \times 24 = 1 \times 24$$

両辺に 3 と 8 の最小公倍数24をかけて，分母をはらう。

$$8(x+1) - 3(3x-4) = 24$$
$$8x + 8 - 9x + 12 = 24$$
$$8x - 9x = 24 - 8 - 12$$
$$-x = 4$$
$$x = -4$$

分配則を使って（　）をはずす。

！注意

かっこの前に－があるときは，符号に注意してかっこをはずす。

$x = -4$ 　解答

(6)
$$\frac{x-1}{4} - \frac{5x+3}{6} = 1$$

$$\frac{x-1}{4} \times 12 - \frac{5x+3}{6} \times 12 = 1 \times 12$$

両辺に 4 と 6 の最小公倍数12をかけて，分母をはらう。

$$3(x-1) - 2(5x+3) = 12$$
$$3x - 3 - 10x - 6 = 12$$
$$3x - 10x = 12 + 3 + 6$$
$$-7x = 21$$
$$x = -3$$

分配則を使って（　）をはずす。

$x = -3$ 　解答

8 比例と反比例

| ここが **出題**される | 比例と反比例の式を求める問題が出題されます。さらに，求めた式を用いて，指定されたxの値に対応するyの値を求める問題も出題されます。符号に注意して正確に答えましょう。 |

POINT 1　比例

▶ y は x に比例する。

→ $y = ax$（aは比例定数）

● 比例の性質

・比例　→　変数 x, y に関して，**x の値が 2 倍，3 倍，… になると，y の値も 2 倍，3 倍，… になる関係。**

・y が x に比例するとき，その関係は**$y = ax$**で表されます。

・比例のグラフ　→　$y = ax$ のグラフは，原点を通る直線です。

① $a > 0$ のとき （右上がり）

② $a < 0$ のとき （右下がり）

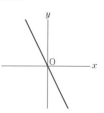

　例題 1

y は x に比例し，$x = 2$ のとき $y = 6$ です。y を x の式で表しなさい。

解答・解説

y は x に比例するので，$y = ax$（aは比例定数）

$x = 2$ のとき $y = 6$ だから，

$6 = a \times 2$ ←$y = ax$ に $x = 2$, $y = 6$ を代入する。

$2a = 6$

$a = 3$ 　　　　　したがって，$y = 3x$ **答**

> 「y は x に比例」⇔「$y = ax$」
> この関係をしっかり覚えておきましょう。

POINT2　　　反比例

▶ y は x に反比例する。

→ $y = \dfrac{a}{x}$ （a は比例定数）

● 反比例の性質

・反比例　→　変数 x, y に関して，**x の値が 2 倍，3 倍，… になる**

と，**y の値が $\dfrac{1}{2}$ 倍，$\dfrac{1}{3}$ 倍，… になる**関係。

・y が x に反比例するとき，その関係は $\boldsymbol{y = \dfrac{a}{x}}$ で表されます。

・反比例のグラフ　→　$y = \dfrac{a}{x}$ のグラフは，双曲線と呼ばれる曲線 です。

①　$a > 0$ のとき

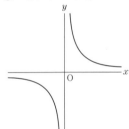

②　$a < 0$ のとき

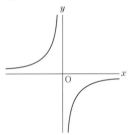

📖 例題 2

$\boldsymbol{y}$ は $\boldsymbol{x}$ に反比例し，$\boldsymbol{x = 3}$ のとき $\boldsymbol{y = 4}$ です。$\boldsymbol{y}$ を $\boldsymbol{x}$ の式で表しなさい。

解答・解説

y は x に反比例するので，

$y = \dfrac{a}{x}$ （a は比例定数）

$x = 3$ のとき $y = 4$ だから，

$4 = \dfrac{a}{3}$ 　←—$y = \dfrac{a}{x}$ に $x = 3$，$y = 4$ を代入する。

┐両辺に 3 をかけて分母をはらう。

$a = 12$ ←—┘

したがって，$y = \dfrac{12}{x}$ 答

解き方と解答 88〜89ページ

1 次の問いに答えなさい。

(1) yはxに比例し，$x=3$のとき$y=-9$です。yをxの式で表しなさい。

過去(2) yはxに比例し，$x=5$のとき$y=-20$です。yをxの式で表しなさい。

(3) yはxに比例し，$x=-4$のとき$y=8$です。yをxの式で表しなさい。

(4) yはxに比例し，$x=-2$のとき$y=-12$です。$x=4$のときのyの値を求めなさい。

2 次の問いに答えなさい。

(1) yはxに反比例し，$x=2$のとき$y=6$です。yをxの式で表しなさい。

(2) yはxに反比例し，$x=-5$のとき$y=3$です。yをxの式で表しなさい。

(3) yはxに反比例し，$x=-8$のとき$y=-4$です。yをxの式で表しなさい。

過去(4) yはxに反比例し，$x=6$のとき$y=-4$です。$x=8$のときのyの値を求めなさい。

B チャレンジ問題

解き方と解答 90〜91ページ

1 次の問いに答えなさい。

過去(1) yはxに比例し，$x=8$のとき$y=40$です。yをxの式で表しなさい。

(2) yはxに比例し，$x=-6$のとき$y=8$です。yをxの式で表しなさい。

過去(3) yはxに比例し，$x=4$のとき$y=-10$です。$x=-6$のときのyの値を求めなさい。

(4) yはxに比例し，$x=-12$のとき$y=-6$です。$x=8$のときのyの値を求めなさい。

2 次の問いに答えなさい。

(1) yはxに反比例し，$x=-12$のとき$y=-5$です。yをxの式で表しなさい。

過去(2) yはxに反比例し，$x=-6$のとき$y=3$です。$x=9$のときのyの値を求めなさい。

過去(3) yはxに反比例し，$x=-4$のとき$y=-5$です。$x=2$のときのyの値を求めなさい。

A 解き方と解答

問題 86ページ

1 次の問いに答えなさい。

(1) y は x に比例し，$x=3$ のとき $y=-9$ です。y を x の式で表しなさい。

(2) y は x に比例し，$x=5$ のとき $y=-20$ です。y を x の式で表しなさい。

(3) y は x に比例し，$x=-4$ のとき $y=8$ です。y を x の式で表しなさい。

(4) y は x に比例し，$x=-2$ のとき $y=-12$ です。$x=4$ のときの y の値を求めなさい。

【解き方】

　y は x に比例するので，$y=ax$ （a は比例定数）

(1) $x=3$ のとき $y=-9$ だから，

$-9=a\times3$ ← $y=ax$ に $x=3$，$y=-9$ を代入する。

$a=-3$

$$3a\div3=-9\div3$$
$$a=-3$$

したがって，$y=-3x$ 　　$\boldsymbol{y=-3x}$ 解答

(2) $x=5$ のとき $y=-20$ だから，

$-20=a\times5$ ← $y=ax$ に $x=5$，$y=-20$ を代入する。

$a=-4$

$$5a\div5=-20\div5$$
$$a=-4$$

したがって，$y=-4x$ 　　$\boldsymbol{y=-4x}$ 解答

(3) $x=-4$ のとき $y=8$ だから，

$8=a\times(-4)$ ← $y=ax$ に $x=-4$，$y=8$ を代入する。

$a=-2$

$$-4a\div(-4)=8\div(-4)$$
$$a=-2$$

したがって，$y=-2x$ 　　$\boldsymbol{y=-2x}$ 解答

(4) $x=-2$ のとき $y=-12$ だから，

$-12=a\times(-2)$ ← $y=ax$ に $x=-2$，$y=-12$ を代入する。

$a=6$

$$-2a\div(-2)=-12\div(-2)$$
$$a=6$$

よって，$y=6x$ となり，$x=4$ を代入して，

$y=6\times4=24$

$\boldsymbol{y=24}$ 解答

↪**確認！**

y は x に比例する。

⇔$y=ax$ （a は比例定数）

2 次の問いに答えなさい。

(1) y は x に反比例し，$x=2$ のとき $y=6$ です。y を x の式で表しなさい。

(2) y は x に反比例し，$x=-5$ のとき $y=3$ です。y を x の式で表しなさい。

(3) y は x に反比例し，$x=-8$ のとき $y=-4$ です。y を x の式で表しなさい。

(4) y は x に反比例し，$x=6$ のとき $y=-4$ です。$x=8$ のときの y の値を求めなさい。

【解き方】

y は x に反比例するので，$y=\dfrac{a}{x}$（a は比例定数）

(1) $x=2$ のとき $y=6$ だから，

$6=\dfrac{a}{2}$　　←$y=\dfrac{a}{x}$ に $x=2$，$y=6$ を代入する。

$a=12$

したがって，$y=\dfrac{12}{x}$

$\dfrac{a}{2}\times2=6\times2$
$a=12$

$y=\dfrac{12}{x}$ **解答**

(2) $x=-5$ のとき $y=3$ だから，

$3=\dfrac{a}{-5}$　　←$y=\dfrac{a}{x}$ に $x=-5$，$y=3$ を代入する。

$a=-15$

したがって，$y=-\dfrac{15}{x}$

$\dfrac{a}{-5}\times(-5)=3\times(-5)$
$a=-15$

$y=-\dfrac{15}{x}$ **解答**

(3) $x=-8$ のとき $y=-4$ だから，

$-4=\dfrac{a}{-8}$　　←$y=\dfrac{a}{x}$ に $x=-8$，$y=-4$ を代入する。

$a=32$

したがって，$y=\dfrac{32}{x}$

$\dfrac{a}{-8}\times(-8)=-4\times(-8)$
$a=32$

$y=\dfrac{32}{x}$ **解答**

(4) $x=6$ のとき $y=-4$ だから，

$-4=\dfrac{a}{6}$　　←$y=\dfrac{a}{x}$ に $x=6$，$y=-4$ を代入する。

$a=-24$

よって，$y=-\dfrac{24}{x}$ となり，$x=8$ を代入して，

$y=-\dfrac{24^{\,3}}{8_{\,1}}=-3$　　$y=-3$ **解答**

$\dfrac{a}{6}\times6=-4\times6$
$a=-24$

↪確認！

y は x に反比例する。

$\Leftrightarrow y=\dfrac{a}{x}$（$a$ は比例定数）

B 解き方と解答

問題 87ページ

1 次の問いに答えなさい。

(1) y は x に比例し，$x=8$ のとき $y=40$ です。y を x の式で表しなさい。

(2) y は x に比例し，$x=-6$ のとき $y=8$ です。y を x の式で表しなさい。

(3) y は x に比例し，$x=4$ のとき $y=-10$ です。$x=-6$ のときの y の値を求めなさい。

(4) y は x に比例し，$x=-12$ のとき $y=-6$ です。$x=8$ のときの y の値を求めなさい。

【解き方】

y は x に比例するので，$y=ax$（a は比例定数）

(1) $x=8$ のとき $y=40$ だから，

$40=a\times 8$ ← $y=ax$ に $x=8$，$y=40$ を代入する。

$a=5$　したがって，$y=5x$

$$8a\div 8=40\div 8$$
$$a=5$$

$y=5x$ 解答

(2) $x=-6$ のとき $y=8$ だから，

$8=a\times(-6)$ ← $y=ax$ に $x=-6$，$y=8$ を代入する。

$a=-\dfrac{4}{3}$　したがって，$y=-\dfrac{4}{3}x$

$$-6a\div(-6)=8\div(-6)$$
$$a=-\dfrac{4}{3}$$

$y=-\dfrac{4}{3}x$ 解答

(3) $x=4$ のとき $y=-10$ だから，

$-10=a\times 4$ ← $y=ax$ に $x=4$，$y=-10$ を代入する。

$a=-\dfrac{5}{2}$

よって，$y=-\dfrac{5}{2}x$ となり，$x=-6$ を代入して，

$y=-\dfrac{5}{2}\times(-6)=15$

$$4a\div 4=-10\div 4$$
$$a=-\dfrac{5}{2}$$

$y=15$ 解答

(4) $x=-12$ のとき $y=-6$ だから，

$-6=a\times(-12)$ ← $y=ax$ に $x=-12$，$y=-6$ を代入する。

$a=\dfrac{1}{2}$

よって，$y=\dfrac{1}{2}x$ に $x=8$ を代入して，$y=\dfrac{1}{2}\times 8=4$

$$-12a\div(-12)=-6\div(-12)$$
$$a=\dfrac{1}{2}$$

$y=4$ 解答

2 次の問いに答えなさい。

(1) y は x に反比例し，$x=-12$ のとき $y=-5$ です。y を x の式で表しなさい。

(2) y は x に反比例し，$x=-6$ のとき $y=3$ です。$x=9$ のときの y の値を求めなさい。

(3) y は x に反比例し，$x=-4$ のとき $y=-5$ です。$x=2$ のときの y の値を求めなさい。

【解き方】

y は x に反比例するので，$y=\dfrac{a}{x}$（a は比例定数）

(1) $x=-12$ のとき $y=-5$ だから，

$-5=\dfrac{a}{-12}$ ← $y=\dfrac{a}{x}$ に $x=-12$，$y=-5$ を代入する。

$\dfrac{a}{-12}\times(-12)=-5\times(-12)$
$a=60$

$a=60$

したがって，$y=\dfrac{60}{x}$

$\boldsymbol{y=\dfrac{60}{x}}$ **解答**

(2) $x=-6$ のとき $y=3$ だから，

$3=\dfrac{a}{-6}$ ← $y=\dfrac{a}{x}$ に $x=-6$，$y=3$ を代入する。

$\dfrac{a}{-6}\times(-6)=3\times(-6)$
$a=-18$

$a=-18$

よって，$y=-\dfrac{18}{x}$ となり，$x=9$ を代入して，

$y=-\dfrac{18^2}{9_1}=-2$

$\boldsymbol{y=-2}$ **解答**

(3) $x=-4$ のとき $y=-5$ だから，

$-5=\dfrac{a}{-4}$ ← $y=\dfrac{a}{x}$ に $x=-4$，$y=-5$ を代入する。

$\dfrac{a}{-4}\times(-4)=-5\times(-4)$
$a=20$

$a=20$

よって，$y=\dfrac{20}{x}$ となり，$x=2$ を代入して，

$y=\dfrac{20^{10}}{2_1}=10$

$\boldsymbol{y=10}$ **解答**

解法のツボ？

y が x に反比例する場合，x と y の積 xy は一定となり，$xy=a$ より，比例定数 a の値を求めることもできる。

頂点を表す記号を使って，図形の辺と辺が平行であること
を表現しましょう。また同じように，図形の辺と辺や対角
線どうしが垂直であることを表現しましょう。

POINT　　　　**平行と垂直**

▶**平行**　・直線ℓと直線mが平行であることを，$\ell /\!/ m$と表す。

　　　　・直線ℓと平面Pが平行であることを，$\ell /\!/ \text{P}$と表す。

　　　　・平面Pと平面Qが平行であることを，$\text{P} /\!/ \text{Q}$と表す。

▶**垂直**　・直線ℓと直線mが垂直であることを，$\ell \perp m$と表す。

　　　　・直線ℓと平面Pが垂直であることを，$\ell \perp \text{P}$と表す。

　　　　・平面Pと平面Qが垂直であることを，$\text{P} \perp \text{Q}$と表す。

例題

右の正方形**ABCD**について，次の問いに答えなさい。

(1)　2組の辺が平行であることを，それぞれ頂点を
表す記号と記号$/\!/$を用いて表しなさい。

(2)　∠**BCD**をつくる2つの辺が垂直であることと対角線どうしが垂直
であることを，それぞれ頂点を表す記号と記号⊥を用いて表しなさい。

解答・解説

(1)　正方形の向かい合う辺は平行だから，辺ABと辺DC，辺ADと
辺BCの2組は，それぞれ平行である。記号$/\!/$を用いて表すと，
AB$/\!/$DC，AD$/\!/$BCである。　　　　　　　　AB$/\!/$DC，AD$/\!/$BC　**答**

(2)　正方形のとなり合う辺は垂直に交わるから，辺BCと辺CDは垂
直である。また，2つの対角線は垂直に交わるから，対角線ACと
対角線BDは垂直である。記号⊥を用いて表すと，BC⊥CD，AC⊥
BDである。　　　　　　　　　　　　　　　　BC⊥CD，AC⊥BD　**答**

A チャレンジ問題

得点

全**4**問

解き方と解答 94ページ

1 平行四辺形ABCDと四角形EFGHについて，次の問いに答えなさい。

(1) 平行四辺形ABCDの2組の辺が平行であること
を，それぞれ，頂点を表す記号と，記号∥を用いて
表しなさい。

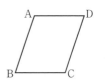

(2) 四角形EFGHの2組の辺の長さが等しいこと
を，それぞれ，頂点を表す記号と，記号＝を用いて
表しなさい。

(3) 四角形EFGHの1組の角の大きさが等しいことを，
頂点を表す記号と，記号∠，＝を用いて表しなさい。

(4) 四角形EFGHの対角線が垂直であることを，頂点を表す記号と，
記号⊥を用いて表しなさい。

B チャレンジ問題

得点

全**4**問

解き方と解答 95ページ

1 四角形ABCDについて，次の問いに答えなさい。

(1) 1組の辺の長さが等しいことを，頂点を表す記
号と，記号＝を用いて表しなさい。

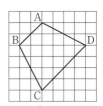

(2) 2組の角の大きさが等しいことを，それぞれ，
頂点を表す記号と，記号∠，＝を用いて表しなさい。

(3) 対角線が垂直であることを，頂点を表す記号
と，記号⊥を用いて表しなさい。

(4) 1組の辺が平行であることを，頂点を表す記号と，記号∥を用い
て表しなさい。

1 平行四辺形ABCDと四角形EFGHについて，次の問いに答えなさい。

(1) 平行四辺形ABCDの2組の辺が平行であることを，それぞれ，頂点を表す記号と，記号//を用いて表しなさい。

(2) 四角形EFGHの2組の辺の長さが等しいことを，それぞれ，頂点を表す記号と，記号=を用いて表しなさい。

(3) 四角形EFGHの1組の角の大きさが等しいことを，頂点を表す記号と，記号∠，=を用いて表しなさい。

(4) 四角形EFGHの対角線が垂直であることを，頂点を表す記号と，記号⊥を用いて表しなさい。

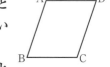

【解き方】

(1) 平行四辺形の向かい合う辺は平行だから，辺ABと辺DC，辺ADと辺BCはそれぞれ平行である。これを記号//を用いて，AB//DC，AD//BCと表す。

AB//DC，AD//BC 解答

(2) 辺EFと辺EHは横×縦が3×2の長方形の対角線で，辺FGと辺HGは横×縦が3×4の長方形の対角線だから，それぞれの長さは等しい。これを記号=を用いて，EF=EH，FG=HGと表す。

方眼紙の目もりを数えて確かめよう。

EF=EH，FG=HG 解答

(3) △EFGと△EHGは合同な三角形だから，∠EFGと∠EHGは等しい。これを記号∠，=を用いて，∠EFG=∠EHGと表す。

記号「＝」は長さだけでなく，角の大きさや面積が等しいことも表すよ。

∠EFG=∠EHG 解答

(4) 対角線EGと対角線FHは垂直である。これを記号⊥を用いて，EG⊥FHと表す。

EG⊥FH 解答

解き方と解答　　問題 93ページ

1 四角形**ABCD**について，次の問いに答えなさい。

(1)　1組の辺の長さが等しいことを，頂点を表す記号と，記号＝を用いて表しなさい。

(2)　2組の角の大きさが等しいことを，それぞれ，頂点を表す記号と，記号∠，＝を用いて表しなさい。

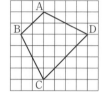

(3)　対角線が垂直であることを，頂点を表す記号と，記号⊥を用いて表しなさい。

(4)　1組の辺が平行であることを，頂点を表す記号と，記号//を用いて表しなさい。

【解き方】

(1)　辺ADと辺BCはそれぞれ横×縦が 4×2 と 2×4 の長方形の対角線だから，長さは等しい。これを記号＝を用いて，AD＝BCと表す。

AD＝BC　　解答

(2)　△ABCと△BAD，△ADCと△BCDはそれぞれ合同な三角形だから，∠ABCと∠BAD，∠ADCと∠BCDはそれぞれ等しい。これを記号∠，＝を用いて，∠ABC＝∠BAD，∠ADC＝∠BCDと表す。

∠ABC＝∠BAD，∠ADC＝∠BCD　　解答

(3)　対角線ACと対角線BDは垂直である。これを記号⊥を用いて，AC⊥BDと表す。

AC⊥BD　　解答

(4)　辺ABと辺DCはどちらも正方形の対角線で同じ向きに傾いているから，辺ABと辺DCは平行である。これを記号//を用いて，AB//DCと表す。

AB//DC　　解答

10 図形の移動

> **ここが出題される** 図形の移動に関する問題が出題されます。平行移動，回転移動，対称移動のそれぞれの意味と性質や，それぞれの移動に関する用語を，正しく理解しましょう。

POINT　　図形の移動

▶平行移動

- 一定の方向に，一定の長さだけずらす移動
- AA' = BB' = CC'…移動の距離
- AA'//BB'//CC'

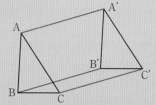

▶回転移動

- 1つの点を回転の中心として，一定の角度だけ回転させる移動
- 右の図では，点Oが回転の中心
- AO = A'O，BO = B'O，CO = C'O
- ∠AOA' = ∠BOB' = ∠COC'…回転させる角の大きさ

※回転させる角の大きさが180°のときの回転移動を，特に点対称移動といい，そのときの点Oを対称の中心という。

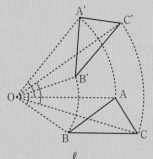

▶対称移動

- 1つの直線を対称の軸として，折り返す移動
- 右の図では，直線ℓが対称の軸

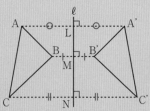

- 対応する点を結んだ線分AA'，BB'，CC'と直線ℓの交点を，それぞれL，M，Nとすると，AA'⊥ℓ，BB'⊥ℓ，CC'⊥ℓ，AL = A'L，BM = B'M，CN = C'N

※点L，M，Nはそれぞれ線分AA'，BB'，CC'の中点である。

※直線ℓは線分AA'，BB'，CC'の垂直二等分線である。

例題 **1**

次の問いに答えなさい。ただし，方眼の1マスは1辺が1 cmの正方形とします。

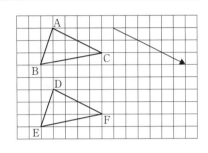

(1) △DEFは△ABCを平行移動したものです。移動の距離を求めなさい。

(2) △ABCを，矢印の方向にその長さだけ平行移動した△GHIを，図にかき入れなさい。

解答・解説

(1) 移動の距離は，対応する点を結んだ線分 AD，BE，CF の長さで，方眼の5目もりだから，

AD＝BE＝CF＝5 cm

5 cm 答

(2) 点 G，H，I は，それぞれ点 A，B，C から，矢印と同じように右に6目もり，下に3目もりの点である。△GHI をかく。

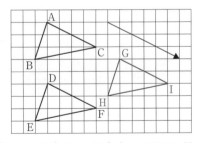

また，辺 AB，AC と対応するように，点 G から左に1目もり，下に3目もりの点を H，点 G から右に4目もり，下に2目もりの点を I と決めることもできる。

上図の△GHI 答

方眼紙の目もりを数えて，辺の長さや傾きを調べましょう。

次の問いに答えなさい。

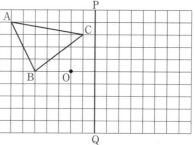

(1) △ABCを，点Oを中心とし
　　て180°回転移動させた△DEF
　　を，図にかき入れなさい。

(2) △ABCを，直線PQを対称
　　の軸として対称移動させた△GHIを，図にかき入れなさい。

解答・解説

(1) 線分AOを延長して，AO＝
　　DOとなる点Dをかき入れる。
　　同様に，BO＝EO，CO＝FOと
　　なる点E，Fをかき入れて，
　　△DEFをかく。

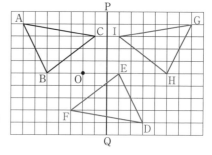

　　　　　　右図の△DEF **答**

(2) 3点A, B, Cから，それぞれ直線PQと等距離になるように，点G,
　　H, Iをかき入れて，△GHIをかく。

　　　　　　　　　　　　　上図の△GHI **答**

180°の回転移動は，
点対称移動ともいうね。

A チャレンジ問題

解き方と解答 100ページ

1 次の問いに答えなさい。ただし，方眼の1マスは1辺が1cmの正方形とします。

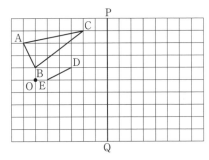

(1) △ABCを，点Oを中心として時計の針の回転と同じ向きに90°回転移動させた△DEFを，図にかき入れなさい。

(2) △ABCを，直線PQを対称の軸として対称移動させた△GHIを，図にかき入れなさい。

(3) △GHIを，左に2cm，下に5cm平行移動させた△JKLを，図にかき入れなさい。

B チャレンジ問題

解き方と解答 101ページ

1 右の図は，長方形 ABCD を合同な8つの直角三角形に分けたものです。△ AEH を移動させることについて，次の問いに答えなさい。ただし，回転の中心は O とし，答えが複数ある場合はすべて答えなさい。

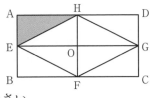

(1) 1回の平行移動で重ね合わせることができる三角形を答えなさい。

(2) 1回の回転移動で重ね合わせることができる三角形を答えなさい。

(3) 1回の対称移動で重ね合わせることができる三角形を答えなさい。

(4) 1回の回転移動と1回の平行移動を組み合わせることで重ね合わせることができる三角形を答えなさい。

1 次の問いに答えなさい。ただし,
方眼の1マスは1辺が1cmの正方
形とします。

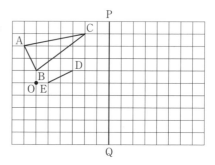

(1) △ABC を,点 O を中心とし
て時計の針の回転と同じ向きに
90°回転移動させた△DEF を,
図にかき入れなさい。

(2) △ABC を,直線 PQ を対称の軸として対称移動させた△GHI を,
図にかき入れなさい。

(3) △GHI を,左に 2cm,下に 5cm 平行移動させた△JKL を,図に
かき入れなさい。

【解き方】

(1) OA = OD, OB = OE,
∠AOD = ∠BOE = 90°であるから,
OC = OF, ∠COF = 90°となる点F
をかき入れて,△DEFをかく。

右図の△DEF 解答

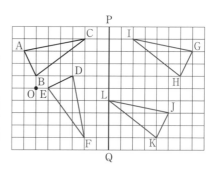

(2) 3点A, B, Cから,それぞれ直線
PQと等距離になるように,点G,
H, Iをかき入れて,△GHIをかく。

上図の△GHI 解答

(3) 点J, K, Lは,それぞれ点G, H, Iから,左に2cm,下に5cmの点である。
△JKLをかく。

上図の△JKL 解答

B 解き方と解答

問題 99ページ

1 右の図は，長方形 **ABCD** を合同な8つ
の直角三角形に分けたものです。

△**AEH** を移動させることについて，次の
問いに答えなさい。ただし，回転の中心は
O とし，答えが複数ある場合はすべて答えなさい。

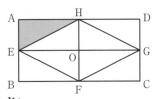

(1) 1回の平行移動で重ね合わせることができる三角形を答えなさい。

(2) 1回の回転移動で重ね合わせることができる三角形を答えなさい。

(3) 1回の対称移動で重ね合わせることができる三角形を答えなさい。

(4) 1回の回転移動と1回の平行移動を組み合わせることで重ね合わ
せることができる三角形を答えなさい。

【解き方】

(1) 1回の平行移動で重ね合わせることができるのは，△AEH と同じ向き
の△OFG である。　　　　　　　　　　　　　　　　　　　　△**OFG** 解答

(2) △AEHは左右に90°回転させても，△BEFや△DGHとは重ね合わせるこ
とができない。180°回転させた△CGFだけが重ね合わせることができる。

△**CGF** 解答

(3) 線分EGを対称の軸として△BEF，線分HFを対称の軸として△DGH
が対称移動で重ね合わせることができる。　　△**BEF**，△**DGH** 解答

(4) (2)より，△CGFを平行移動させて△OHEと重ね合わせることができる。

△**OHE** 解答

組み合わせる順番は，
どちらが先でも，同
じ結果になります。

11 拡大図と縮図

ここが出題される▶ 拡大図と縮図に関する問題は，対応する角の大きさがそれぞれ等しく，対応する辺の長さの比が等しいことを利用して解きましょう。

ⓟOINT1　　拡大図と縮図

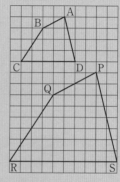

▶**拡大図**
- もとの図形と同じ形で拡大した図形
- 四角形 PQRS は四角形 ABCD の拡大図

▶**縮図**
- もとの図形と同じ形で縮小した図形
- 四角形 ABCD は四角形 PQRS の縮図

▶**同じ形の2つの図形の性質**
- 対応する辺の長さの比がすべて等しい。
  AB：PQ＝BC：QR＝CD：RS＝AD：PS
  　　　　　　　　　　　　　　　＝1：2
- 対応する角の大きさがそれぞれ等しい。
  ∠A＝∠P，∠B＝∠Q，∠C＝∠R，∠D＝∠S

▶例題1

次の問いに答えなさい。

(1)　四角形**ABCD**の2倍の拡大図の四角形**EFGH**を，辺**EH**，辺**GH**をもとに，図にかき入れなさい。

(2)　下の◻︎にあてはまる数を答えなさい。

四角形**ABCD**は四角形**EFGH**の◻︎の縮図である。

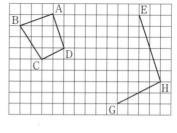

解答・解説

(1) 点Aから点Bは，左に3目
もり，下に1目もりだから，2
倍の長さになるように，点E
から左に6目もり，下に2目
もりの位置に点Fをかき入れ
る。同様に，点Gから点Fを
確認し，辺EF，GFをかく。

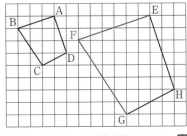

上図の四角形EFGH **答**

(2) 四角形EFGHをもとにすると，四角形ABCDは$\dfrac{1}{2}$の縮図である。

方眼紙の目もりを数えて，辺の長さや
傾きを調べよう。

$\dfrac{1}{2}$ **答**

▶例題2

右の△DEFは△ABCの拡大図です。
次の問いに答えなさい。

(1) **辺DEの長さを求めなさい。**

(2) **辺BCの長さを求めなさい。**

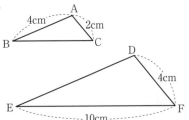

解答・解説

(1) 辺ACが2cmで，対応する辺DFが4cmだから，△DEFは△ABC
の2倍の拡大図とわかる。

DE＝4×2＝8(cm)

対応する辺の長さを比べましょう。

8cm **答**

(2) (1)より，

BC＝10÷2＝5(cm)

5cm **答**

POINT 2 　拡大図と縮図の作図

▶1つの頂点を中心として作図する

・1つの頂点を決めて，その点から他の頂点までの距離を2倍にした図→1つの頂点を中心とした，2倍の拡大図

・1つの頂点を決めて，その点から他の頂点までの距離を $\frac{1}{2}$ にした図→1つの頂点を中心とした，$\frac{1}{2}$ の縮図

例題 3

次の問いに答えなさい。

(1) 点Aを中心とした四角形ABCDの2倍の拡大図の四角形AEFGを，図にかき入れなさい。

(2) 辺ABに対応する辺を答えなさい。

(3) ∠BCDと大きさが等しい角を示しなさい。

解答・解説

(1) 辺AB，ADと対角線ACの延長線上に，AE＝2AB，AF＝2AC，AG＝2ADとなるように，点E，F，Gをかき入れる。辺EF，FGをかく。

右図の四角形AEFG　答

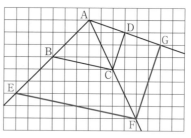

(2) 辺ABに対応するのは，辺AEである。　辺AE　答

(3) 対応する角の大きさは等しくなる。　∠EFG　答

A チャレンジ問題

解き方と解答 106ページ

1 次の問いに答えなさい。

(1) 点Bを中心とした△ABCの$\frac{1}{2}$の縮図の△DBEを，図にかき入れなさい。

(2) 点Bを中心とした△DBEの3倍の拡大図の△FBGを，図にかき入れなさい。

(3) 下の□にあてはまる数を答えなさい。
△FBGは△ABCの□倍の拡大図である。

B チャレンジ問題

解き方と解答 107ページ

1 右の四角形EFGHは四角形ABCDの2.5倍の拡大図で，辺EH，FGは辺EFに垂直です。次の問いに答えなさい。

(1) 辺EH，GHの長さを，それぞれ求めなさい。

(2) 辺BCの長さを求めなさい。

(3) ∠ADCの大きさを求めなさい。

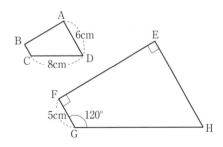

1 次の問いに答えなさい。

(1) 点Bを中心とした△ABCの$\frac{1}{2}$の縮図の△DBEを，図にかき入れなさい。

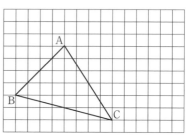

(2) 点Bを中心とした△DBEの3倍の拡大図の△FBGを，図にかき入れなさい。

(3) 下の□にあてはまる数を答えなさい。
△FBGは△ABCの□倍の拡大図である。

【解き方】

(1) 辺AB，BC上に，BD = $\frac{1}{2}$BA，BE = $\frac{1}{2}$BCとなるように，点D，Eをかき入れる。辺DEをかく。

右図の△DBE 解答

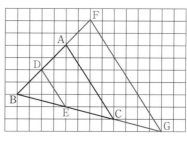

(2) 辺BA，BCの延長線をかき，それぞれの延長線上にBF = 3BD，BG = 3BEとなるように，点F，Gをかき入れる。辺FGをかく。

上図の△FBG 解答

(3) △DBE をもとの図形と考えると，△ABC は2倍の拡大図で，△FBGは3倍の拡大図であるから，△FBG は△ABC の 3÷2 = 1.5（倍）の拡大図である。

1.5 解答

> もっとも小さい△DBE を大きさの基準にしましょう。

B # 解き方と解答

問題 105ページ

1 右の四角形 EFGH は四角形 ABCD の 2.5 倍の拡大図で，辺 EH，FG は辺 EF に垂直です。次の問いに答えなさい。

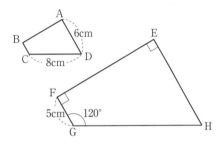

(1) 辺EH，GHの長さを，それぞれ求めなさい。

(2) 辺BCの長さを求めなさい。

(3) ∠ADCの大きさを求めなさい。

【解き方】

(1) 辺EH，GHは，それぞれ辺AD，CDの2.5倍だから，

EH＝6×2.5＝15(cm)

GH＝8×2.5＝20(cm)

辺EH　15cm，辺GH　20cm 解答

(2) 辺FGは辺BCの2.5倍だから，

BC＝5÷2.5＝2(cm)

2cm 解答

(3) 四角形の内角の和は360°だから，

∠EHG＝360°－90°－90°－120°＝60°

四角形ABCDと四角形EFGHの対応する角はそれぞれ等しいから，

∠ADC＝∠EHG＝60°

60度 解答

12 データの考察

ⓅOINT1　データの最頻値（モード）

▶最頻値（モード）
・データの値でもっとも多く現れる値

● データは大きさの順に並べて判断します。

| 4, 1, 6, 5, 8, 3, 1, 5 | → | 1, 1, 3, 4, 5, 5, 6, 8 |

▶例題 1

次のデータについて，指定された代表値を，それぞれ求めなさい。

(1) 1, 2, 3, 3, 3, 5, 6, 8, 8 〈最頻値〉

(2) 8, 4, 7, 2, 5, 9, 7, 6 〈最頻値，平均値〉

解答・解説

(1) もっとも多く現れたデータの値は 3 回の 3 だから，最頻値は 3

最頻値 3 　答

(2) データを大きさの順に並べると，2, 4, 5, 6, 7, 7, 8, 9

もっとも多く現れたデータの値は 2 回の 7 だから，最頻値は 7。

8 個のデータの合計は 48 だから，平均値 = 48 ÷ 8 = 6

最頻値 7，平均値 6 　答

POINT 2　データの中央値（メジアン）

▶中央値（メジアン）

・データを大きさの順に並べたときの中央のデータの値
・データの数が偶数のときは，中央の2つのデータの値の平均

例1　データ　a, b, $c(a \leqq b \leqq c)$ の中央値は b

例2　データ　d, e, f, $g(d \leqq e \leqq f \leqq g)$ の中央値は

e と f の平均 $\dfrac{e+f}{2}$

例題2

次のデータについて，指定された代表値を，それぞれ求めなさい。

(1)　2，3，4，5，6，6，8　〈中央値〉
(2)　5，2，8，9，3，7，5，4　〈中央値〉
(3)　4，9，5，8，6，9，7，3，4，9　〈中央値，平均値〉

解答・解説

(1)　7個のデータだから，中央の4番目のデータの値5が中央値である。　　　　　　　　　　　　　　　　　　　　　　　　　　　中央値 5 **答**

(2)　データを大きさの順に並べると，2，3，4，5，5，7，8，9
　　8個のデータだから，中央の4番目と5番目のデータの値の平均が中央値である。
　　求める中央値は，$(5 + 5) \div 2 = 5$
　　　　　　　　　　　　　　　　　　　　　　　　　　　　　　　中央値 5 **答**

(3)　データを大きさの順に並べると，3，4，4，5，6，7，8，9，9，9
　　10個のデータだから，中央の5番目と6番目のデータの値の平均が中央値である。
　　求める中央値は，$(6 + 7) \div 2 = 6.5$
　　10個のデータの合計は64だから，平均値 $= 64 \div 10 = 6.4$

まず，データの個数を確認しよう。

　　　　　　　　　　　　　　　　　　　中央値 6.5，平均値 6.4 **答**

チャレンジ問題

解き方と解答 111ページ

1 　次のデータについて，指定された代表値を，それぞれ求めなさい。

(1) 　2, 3, 3, 4, 4, 4, 8, 9 〈最頻値，中央値〉

(2) 　1, 5, 5, 6, 8, 8, 8, 9 〈最頻値，中央値〉

(3) 　2, 3, 5, 5, 5, 6, 6, 8, 8, 9 〈最頻値，中央値，平均値〉

(4) 　2, 6, 3, 3, 2, 3, 9, 1, 7 〈最頻値，中央値，平均値〉

チャレンジ問題

解き方と解答 112ページ

1 　次のデータについて，指定された代表値を，それぞれ求めなさい。

(1) 　2, 4, 5, 5, 6, 7, 7, 7, 8 〈最頻値，中央値〉

(2) 　1, 1, 4, 5, 6, 7, 8, 9 〈最頻値，中央値〉

(3) 　4, 8, 1, 5, 9, 6, 5, 2 〈最頻値，中央値，平均値〉

(4) 　3, 6, 1, 6, 2, 1, 3, 8, 6, 7 〈最頻値，中央値，平均値〉

解き方と解答　　　問題 110ページ

1 次のデータについて，指定された代表値を，それぞれ求めなさい。

(1)　2，3，3，4，4，4，8，9　〈最頻値，中央値〉
(2)　1，5，5，6，8，8，8，9　〈最頻値，中央値〉
(3)　2，3，5，5，5，6，6，8，8，9　〈最頻値，中央値，平均値〉
(4)　2，6，3，3，2，3，9，1，7　〈最頻値，中央値，平均値〉

【解き方】

(1)　もっとも多く現れたデータの値は 3 回の 4 で，8 個のデータの 4 番目
　　と 5 番目の値の平均は，$(4+4)÷2=4$ である。

最頻値 4，中央値 4　解答

(2)　もっとも多く現れたデータの値は 3 回の 8 で，8 個のデータの 4 番目
　　と 5 番目の値の平均は，$(6+8)÷2=7$ である。

最頻値 8，中央値 7　解答

(3)　もっとも多く現れたデータの値は 3 回の 5 で，10 個のデータの 5 番目
　　と 6 番目の値の平均は，$(5+6)÷2=5.5$ である。また，10 個のデータの
　　値の合計は 57 だから，平均値は $57÷10=5.7$ である。

最頻値 5，中央値 5.5，平均値 5.7　解答

(4)　データを大きさの順に並べると，1，2，2，3，3，3，6，7，9
　　もっとも多く現れたデータの値は 3 回の 3 で，9 個のデータの 5 番目の値
　　は，3 である。また，9 個のデータの値の合計は 36 だから，
　　平均値は $36÷9=4$ である。

最頻値 3，中央値 3，平均値 4　解答

1 次のデータについて，指定された代表値を，それぞれ求めなさい。

(1)　2，4，5，5，6，7，7，7，8　〈最頻値，中央値〉

(2)　1，1，4，5，6，7，8，9　〈最頻値，中央値〉

(3)　4，8，1，5，9，6，5，2　〈最頻値，中央値，平均値〉

(4)　3，6，1，6，2，1，3，8，6，7　〈最頻値，中央値，平均値〉

【解き方】

(1)　もっとも多く現れたデータの値は3回の7で，9個のデータの5番目の値は6である。

最頻値 7，中央値 6 解答

(2)　もっとも多く現れたデータの値は2回の1で，8個のデータの4番目と5番目の値の平均は，$(5+6) \div 2 = 5.5$ である。

最頻値 1，中央値 5.5 解答

(3)　データを大きさの順に並べると，1，2，4，5，5，6，8，9
もっとも多く現れたデータの値は2回の5で，8個のデータの4番目と5番目の値の平均は，$(5+5) \div 2 = 5$ である。また，8個のデータの値の合計は40だから，平均値は $40 \div 8 = 5$ である。

最頻値 5，中央値 5，平均値 5 解答

(4)　データを大きさの順に並べると，1，1，2，3，3，6，6，6，7，8
もっとも多く現れたデータの値は3回の6で，10個のデータの5番目と6番目の値の平均は，$(3+6) \div 2 = 4.5$ である。また，10個のデータの値の合計は43だから，平均値は $43 \div 10 = 4.3$ である。

最頻値 6，中央値 4.5，平均値 4.3 解答

第2章

数理技能検定(2次)対策

この章の内容

数理技能検定(2次)は応用力をみる検定です。
解答用紙に解答だけを記入する形式ですが，一部，記述式の問題
が出題される場合もあります。

1 割合，比 ……………………………………………… 114
2 平均，単位量あたりの大きさ，速さ ……………… 124
3 方程式 ………………………………………………… 134
4 比例と反比例 ………………………………………… 142
5 平面図形 ……………………………………………… 152
6 作　図 ………………………………………………… 162
7 空間図形 ……………………………………………… 168
8 データの活用 ………………………………………… 178

1 割合，比

ここが **出題される**	比べられる量，もとにする量，割合を求める問題がよく出題されます。比べられる量，もとにする量，割合の関係式をきちんと覚えておきましょう。

ⓅOINT　　　　割合，比

▶**割合**

・ある量（比べられる量）が，全体（もとにする量）の何倍にあたるかを表した数

▶**割合の表し方**

小数	1（倍）	0.1（倍）	0.01（倍）	0.001（倍）
百分率	100%	10%	1%	0.1%
歩合	10割	1割	1分	1厘

▶**割合，比べられる量，もとにする量の関係式**

・割合＝比べられる量÷もとにする量

・比べられる量＝もとにする量×割合

・もとにする量＝比べられる量÷割合

▶**比の式の関係**

$$a : b = c : d \quad \rightarrow \quad a \times d = b \times c$$

例題

2400円の本を姉と妹でお金を出し合って買います。このとき，次の問いに答えなさい。

(1) 妹が600円出すとき，妹の出す金額の割合は，本の代金の何％ですか。

(2) 姉が本の代金の$\frac{2}{3}$の金額を出すとき，姉の出した金額は何円ですか。

(3) 本の代金は妹の財布に入っていた金額の1.6倍でした。妹の財布に入っていた金額は何円ですか。

解答・解説

(1) 「 ◯は　　　　△の　　　　　　□倍です。」の形の文章に書きかえます。

比べられる量　　もとにする量　　(割合)

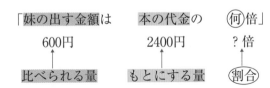

「妹の出す金額は　　　　本の代金の　　　　(何)倍」

600円　　　　　　　　2400円　　　　　　　　？倍

比べられる量　　　　もとにする量　　　　(割合)

割合＝比べられる量÷もとにする量　より，

割合は，600÷2400＝0.25倍

0.25倍を百分率で表すと，0.25倍→25％　答

問題では「何倍？」ではなく，「何％？」と聞かれているので，計算で求めた割合を百分率で表しましょう。

確認！
小数を百分率にする場合は×100をする。

数理技能検定〈2次〉対策

(2) 「姉の出した金額は　　　　本の代金の　　　　$\frac{2}{3}$倍」

？円　　　　　　　　2400円　　　　　　　　$\frac{2}{3}$倍

比べられる量　　　　もとにする量　　　　(割合)

比べられる量＝もとにする量×(割合)　より，

姉の出した金額は，$2400 \times \dfrac{2}{3} = \dfrac{\overset{800}{2400} \times 2}{1 \times \underset{1}{3}} = 1600$（円）　答

(3) 「本の代金は　　　　妹の財布に入っていた金額の　　　　(1.6)倍」より，

2400円　　　　　　　　？円　　　　　　　　1.6倍

比べられる量　　　　もとにする量　　　　(割合)

もとにする量＝比べられる量÷(割合)　より，

妹の財布に入っていた金額は，

2400÷1.6＝1500（円）　答

解法のツボ？

問題文を「◯は△の□倍」に変形すると，比べられる量，もとにする量がわかりやすい。

解き方と解答 118〜120ページ

過去 **1** つよしさんは，お小遣いを3000円もらいました。もらったお小遣いの$\frac{2}{5}$でCDを買い，残った金額の$\frac{2}{9}$でマンガ本を買いました。このとき，次の問いに答えなさい。

(1) CDを買うのに使った金額は何円ですか。単位をつけて答えなさい。

(2) CDとマンガ本を買うのに使った金額は合わせて何円ですか。単位をつけて答えなさい。

(3) 使った金額はお小遣いの全体の何分の何ですか。分数で答えなさい。

2 ある学校の去年の生徒数は300人で，今年の生徒数は330人です。このとき，次の問いに答えなさい。

(1) 今年の生徒数は，去年の生徒数の何倍ですか。小数で答えなさい。

(2) 今年の生徒のうち6割が男子生徒です。今年の男子生徒は何人ですか。

(3) 今年の男子生徒の人数は，去年の男子生徒の人数の120%でした。去年の男子生徒は何人ですか。

過去 **3** 右の表は，はちみつビスケット30個を作るときの材料と分量を表しています。これについて，次の問いに答えなさい。

(1) 小麦粉とバターの分量の比を，もっとも簡単な整数の比で表しなさい。

(2) 小麦粉120 gを使ってはちみつビスケットを作るとき，バターは何g必要ですか。単位をつけて答えなさい。

(3) はちみつビスケットを15個作るとき，砂糖は何g必要ですか。単位をつけて答えなさい。

はちみつビスケット（30個分）

材料	分量
小麦粉	180g
ベーキングパウダー	小さじ2
バター	120g
砂糖	120g
卵黄	1個
はちみつ	大さじ1
シナモン	小さじ1
シナモンシュガー	適量

B チャレンジ問題

解き方と解答 121〜123ページ

1 家から花屋まで300m，花屋から駅まで750mあります。このとき，次の問いに答えなさい。

(1) 家から花屋までの道のりと，花屋から駅までの道のりの比を，もっとも簡単な整数の比で表しなさい。

(2) 花屋から駅までの道のりは，家から花屋までの道のりの何倍ですか。分数で答えなさい。

(3) 家から花屋までの道のりと，家から学校までの道のりの比は3：7です。家から学校までの道のりを求めなさい。

過去 **2** ある弁当屋ではすべての弁当を680円で売っていて，昨日は弁当が120個売れました。今日はすべての弁当を15％引きにしたところ，144個売れました。このとき，次の問いに答えなさい。ただし，消費税は値段に含まれているので，考える必要はありません。

(1) 今日は弁当を何円で売りましたか。単位をつけて答えなさい。

(2) 昨日と比べて，今日売れた弁当の個数は何％増えましたか。

過去 **3** あきおさんは，縦と横の長さの比が5：7の長方形の旗を作ろうと思っています。このとき，次の問いに単位をつけて答えなさい。

(1) 縦の長さを20cmにすると，横の長さは何cmになりますか。

(2) 横の長さを35cmにすると，この旗の周りの長さは何cmになりますか。

4 箱の中に同じようなボールがたくさん入っています。箱からボールを20個取り出してその重さを量ったところ，300gありました。このとき，次の問いに答えなさい。

(1) このボール60個の重さは何gですか。単位をつけて答えなさい。

(2) このボールの重さが4170gあるとき，ボールの数は何個ですか。

1 つよしさんは，お小遣いを3000円もらいました。もらったお小遣いの $\frac{2}{5}$ でCDを買い，残った金額の $\frac{2}{9}$ でマンガ本を買いました。このとき，次の問いに答えなさい。

(1) CDを買うのに使った金額は何円ですか。単位をつけて答えなさい。

(2) CDとマンガ本を買うのに使った金額は合わせて何円ですか。単位をつけて答えなさい。

(3) 使った金額はお小遣いの全体の何分の何ですか。分数で答えなさい。

【解き方】

(1) CDを買うのに使った金額は　もらったお小遣い3000円の $\frac{2}{5}$ 倍

　　　比べられる量　　　　　　　もとにする量　　　　　　割合

比べられる量＝もとにする量×割合 より，

CDを買うのに使った金額は，$3000 \times \frac{2}{5} = 1200$ （円）　　**1200円** 解答

(2) マンガ本を買うのに使った金額は　残った金額の $\frac{2}{9}$ 倍

　　　比べられる量　　　　　　　もとにする量　　　割合

残った金額は3000－1200＝1800（円）だから，

比べられる量＝もとにする量×割合 より，

マンガ本を買うのに使った金額は，$1800 \times \frac{2}{9} = 400$ （円）

CDとマンガ本の金額は，1200＋400＝1600（円）　　**1600円** 解答

(3) 使った金額は　お小遣いの全体3000円の $?$ 倍

　　比べられる量　　　もとにする量　　　割合

使った金額は，1200＋400＝1600（円）だから，

割合＝比べられる量÷もとにする量 より，

$1600 \div 3000 = \frac{1600}{3000} = \frac{8}{15}$

比べられる量，もとにする量，割合の関係式は，しっかり覚えておくんですね。

$\frac{8}{15}$ 解答

2 ある学校の去年の生徒数は300人で，今年の生徒数は330人です。この
とき，次の問いに答えなさい。

(1) 今年の生徒数は，去年の生徒数の何倍ですか。小数で答えなさい。

(2) 今年の生徒のうち6割が男子生徒です。今年の男子生徒は何人ですか。

(3) 今年の男子生徒の人数は，去年の男子生徒の人数の120％でした。
去年の男子生徒は何人ですか。

【解き方】

(1)
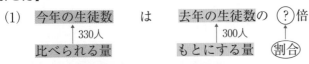

割合＝比べられる量÷もとにする量より，
求める割合は，
$330 \div 300 = 1.1$（倍）

1.1倍 解答

(2) 歩合は小数に直して計算するので6割→0.6倍
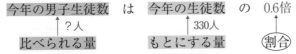

比べられる量＝もとにする量×割合より，
今年の男子生徒数は，$330 \times 0.6 = 198$（人）

198人 解答

(3) 百分率は小数に直して計算するので120％→1.2倍
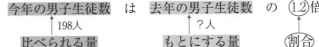

もとにする量＝比べられる量÷割合より，
去年の男子生徒数は，$198 \div 1.2 = 165$（人）

165人 解答

問題文に歩合，百分率が混じっていたら，必ず小数に直して計算しましょう。

3 右の表は，はちみつビスケット30個を作るときの材料と分量を表しています。これについて，次の問いに答えなさい。

(1) 小麦粉とバターの分量の比を，もっとも簡単な整数の比で表しなさい。

(2) 小麦粉120 g を使ってはちみつビスケットを作るとき，バターは何 g 必要ですか。単位をつけて答えなさい。

(3) はちみつビスケットを15個作るとき，砂糖は何g必要ですか。単位をつけて答えなさい。

はちみつビスケット（30 個分）

材料	分量
小麦粉	180g
ベーキングパウダー	小さじ2
バター	120g
砂糖	120g
卵黄	1 個
はちみつ	大さじ1
シナモン	小さじ1
シナモンシュガー	適量

【解き方】

(1) 小麦粉とバターの分量の比は一定だから，

（小麦粉の分量）:（バターの分量）$= 180 : 120$

$= 3 : 2$

3 : 2 解答

> 180と120を約分のように，公約数でわっていきましょう。

(2) 小麦粉の分量が120gのときのバターの分量をxgとすると，

$120 : x = 3 : 2$ ← （小麦粉の分量）:（バターの分量）$= 3 : 2$

$3x = 120 \times 2$

$3x = 240$

$x = 80$

80g 解答

> ✍確認！
> $a : b = c : d$
> ならば
> $ad = bc$

(3) はちみつビスケット30個に必要な砂糖の分量は120gだから，はちみつビスケットを15個作るときに必要な砂糖の分量をxgとすると，

$30 : 15 = 120 : x$

$30x = 120 \times 15$

$30x = 1800$

$x = 60$

60g 解答

> ✍確認！
> ビスケット1個を作るのに必要な砂糖の量は$120 \div 30 = 4$(g)だから，ビスケット15個を作るのに必要な砂糖の量は，$15 \times 4 = 60$(g)と求めてもよい。

解き方と解答

問題 117ページ

1 家から花屋まで300m，花屋から駅まで750mあります。このとき，次の問いに答えなさい。

(1) 家から花屋までの道のりと，花屋から駅までの道のりの比を，もっとも簡単な整数の比で表しなさい。

(2) 花屋から駅までの道のりは，家から花屋までの道のりの何倍ですか。分数で答えなさい。

(3) 家から花屋までの道のりと，家から学校までの道のりの比は3：7です。家から学校までの道のりを求めなさい。

【解き方】

(1) （家から花屋までの道のり）：（花屋から駅までの道のり）

$= 300 : 750$

$= 2 : 5$

2：5 **解答**

(2) 花屋から駅までの道のりは　家から花屋までの道のりの　?倍

750m　　　　　　　　300m

比べられる量　　　もとにする量　　割合

割合＝比べられる量÷もとにする量より，

$750 \div 300 = \dfrac{750}{300} = \dfrac{5}{2}$（倍）

$\dfrac{5}{2}$倍 **解答**

(3) 家から学校までの道のりをxmとする。

（家から花屋までの道のり）：（家から学校までの道のり）＝3：7より，

$300 : x = 3 : 7$

$3x = 300 \times 7$

$3x = 2100$

$x = 700$

700m **解答**

確認！

家から学校までの道のりは，家から花屋までの道のりの$\dfrac{7}{3}$倍より，

比べられる量＝もとにする量×割合だから，

$300 \times \dfrac{7}{3} = 700$ (m)でも求められる。

2 ある弁当屋ではすべての弁当を680円で売っていて，昨日は弁当が120個売れました。今日はすべての弁当を15％引きにしたところ，144個売れました。このとき，次の問いに答えなさい。ただし，消費税は値段に含まれているので，考える必要はありません。

(1) 今日は弁当を何円で売りましたか。単位をつけて答えなさい。

(2) 昨日と比べて，今日売れた弁当の個数は何％増えましたか。

【解き方】

(1) 15％引きは，定価の85％である。

百分率は小数に直して計算するので 85％→0.85

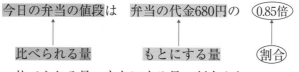

解法のツボ

15％引き
⇩
100％−15％
⇩
定価の85％

比べられる量＝もとにする量×割合より，
今日の弁当の値段は，680×0.85＝578（円）

578円 解答

(2) 今日売れた弁当の数が昨日売れた弁当の数の何倍かを考える。

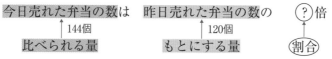

割合＝比べられる量÷もとにする量より，144÷120＝1.2倍
昨日売れた弁当の数が1のとき，今日売れた弁当の数が1.2だから，
昨日売れた弁当の数を100％とすると，今日売れた弁当の数は120％
よって，昨日よりも20％増えている。

20％ 解答

3 あきおさんは，縦と横の長さの比が5：7の長方形の旗を作ろうと思っています。このとき，次の問いに単位をつけて答えなさい。

(1) 縦の長さを20cmにすると，横の長さは何cmになりますか。

(2) 横の長さを35cmにすると，この旗の周りの長さは何cmになりますか。

【解き方】

(1) 縦の長さを20cmにしたときの横の長さを$x$cmとすると，

$$20 : x = 5 : 7 \quad \leftarrow (縦の長さ)：(横の長さ) = 5 : 7$$
$$5x = 20 \times 7$$
$$5x = 140$$
$$x = 28$$

28cm 解答

確認！
横の長さは，縦の長さの$\frac{7}{5}$倍と考えると，横は，
$20 \times \frac{7}{5} = 28$ (cm)

(2) 横の長さを35cmとしたときの縦の長さを$x$cmとすると，

$$x : 35 = 5 : 7 \quad \leftarrow (縦の長さ)：(横の長さ) = 5 : 7$$
$$7x = 35 \times 5$$
$$7x = 175$$
$$x = 25$$

確認！
縦の長さは，横の長さの$\frac{5}{7}$倍と考えると，縦は，
$35 \times \frac{5}{7} = 25$(cm)より周りの長さを求めてもよい。

長方形の周りの長さは，2×（縦の長さ＋横の長さ）だから，

$$2 \times (25 + 35) = 2 \times 60 = 120 \ (cm)$$

120cm 解答

---

4 箱の中に同じようなボールがたくさん入っています。箱からボールを20個取り出してその重さを量ったところ，300gありました。このとき，次の問いに答えなさい。

(1) このボール60個の重さは何gですか。単位をつけて答えなさい。

(2) このボールの重さが4170gあるとき，ボールの数は何個ですか。

【解き方】

(1) （ボールの数）：（ボールの重さ）＝ 20 : 300
$$\qquad\qquad\qquad\qquad\qquad\quad = 1 : 15$$

ボールが60個のときのボールの重さをxgとすると，

$$60 : x = 1 : 15$$
$$x = 60 \times 15$$
$$x = 900$$

900g 解答

確認！
ボールの数が
$60 \div 20 = 3$（倍）だから，ボールの重さも300gの3倍と考えてもよい。

いろいろな解法が
考えられますね。

(2) ボールの重さが4170gのときのボールの数をx個とすると，

$$x : 4170 = 1 : 15$$
$$15x = 4170$$
$$x = 278$$

278個 解答

確認！
ボールの1個の重さは$300 \div 20 = 15$ (g)より，$4170 \div 15 = 278$（個）と考えてもよい。

平均, 単位量あたりの大きさ, 速さ

速さや平均に関する問題はよく出題されます。速さ, 時間, 道のりをそれぞれ求める公式, 平均を求める公式はしっかり覚えておきましょう。

POINT　平均, 単位量あたりの大きさ, 速さ

▶ **平均**
- 平均＝合計÷個数
- 合計＝平均×個数

▶ **単位量あたりの大きさ**
- 「1枚あたり30円」,「1時間あたり300枚」のように1（単位）あたりの大きさを求めて, 利用する

▶ **速さ・道のり・時間の関係式**
- 速さ＝道のり÷時間
- 時間＝道のり÷速さ
- 道のり＝速さ×時間

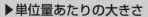

▶ **速さの単位**

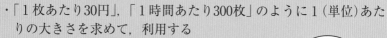

$$\text{秒速}○\text{m} \underset{÷60}{\overset{×60}{\rightleftarrows}} \text{分速}△\text{m} \underset{÷60}{\overset{×60}{\rightleftarrows}} \text{時速}□\text{m} \underset{×1000}{\overset{÷1000}{\rightleftarrows}} \text{時速}●\text{km}$$

例題

　たろうさんの家から学校までの道のりは1200mです。たろうさんはこの道のりを10分で歩きます。このとき, 次の問いに答えなさい。

(1)　たろうさんが歩く速さは分速何mですか。

(2)　たろうさんが家を出てから5分後には, 家から何m離れた所を歩いていますか。単位もつけて答えなさい。

(3)　たろうさんは, ときどき時速9kmで走って学校へ行きます。この速さで走っていくと, 歩いていくより何分早く学校へ着きますか。単位をつけて答えなさい。

解答・解説

(1) 1200m を 10分 で進む 速さ を求めるので，

道のり　　　　時間

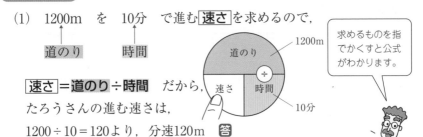

求めるものを指でかくすと公式がわかります。

速さ ＝ 道のり ÷ 時間 　だから，

たろうさんの進む速さは，

$1200 \div 10 = 120$ より，分速120m 答

(2) たろうさんが，分速120mで，5分間に進んだ **道のり** を求めるので，

速さ　　　時間

道のり ＝ 速さ ×時間 　だから，

たろうさんが進んだ道のりは，

$120 \times 5 = 600$ より，600m 答

(3) たろうさんが，時速9kmで，1200mを進むのに何分かかるか，

かかる 時間 を求める。

速さ　　　　道のり

速さの単位が時速○km，道のりの単位がm，求める時間の単位が

分なので，**速さの単位を分速△mに直してから，公式を利用**します。

時速 9 km
時速 9000m　$\times 1000 \leftarrow 1\text{km}=1000\text{m}$
分速 150m　$\div 60 \leftarrow 1$分$=\dfrac{1}{60}$時間

解法のツボ

時速9km → 1 時間に9km進む
　　　　　60分間に9000m進む
分速150m ← 1 分間に150m進む

時間 ＝ 道のり ÷ 速さ 　だから，

たろうさんが走って学校へ行くのにかかる時間は，

$1200 \div 150 = 8$（分）

歩いて学校へ行くのにかかる時間は10分だから，

$10 - 8 = 2$ より，走るほうが歩くより 2 分早く着く。

よって，2分 答

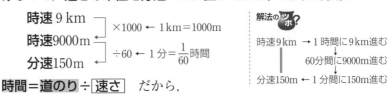

過去 1　りょうこさんのクラスでは，4月から8月の5か月の間に，学校で飼育しているニワトリ5羽が産んだ卵の個数の合計を記録しました。下の表は，各月の卵の個数をまとめたものです。これについて，次の問いに答えなさい。

月	4	5	6	7	8
ニワトリが産んだ卵の個数(個)	118	123	91	111	107

(1)　5か月の間に，ニワトリ5羽は何個の卵を産みましたか。

(2)　5か月の間に，ニワトリ1羽あたり平均何個の卵を産みましたか。

2　36枚入り486円のせんべいAと，28枚入り420円のせんべいBがあります。このとき，次の問いに答えなさい。

(1)　せんべいAの1枚あたりの価格を求めなさい。

(2)　1枚あたりの価格は，せんべいAとせんべいBではどちらが安いといえますか。

過去 3　もえさんの家から学校までの道のりは600mです。もえさんはこの道のりを8分で歩きます。もえさんが歩く速さは一定であるとして，次の問いに答えなさい。

(1)　もえさんが歩く速さは分速何mですか。

(2)　もえさんは，家を出てから3分後には家から何m離れたところを歩いていますか。単位をつけて答えなさい。

(3)　もえさんの妹が歩く速さは分速60mです。もえさんの妹は家から学校まで歩くと何分かかりますか。単位をつけて答えなさい。

B チャレンジ問題

過去 1 たかしさんはみかんを3個，ようこさんはみかんを2個持っています。たかしさんが持っているみかんの重さの平均は82gで，ようこさんが持っているみかんの重さは86gと88gです。このとき，次の問いに単位をつけて答えなさい。

(1) ようこさんが持っているみかんの重さの平均は何gですか。

(2) たかしさんとようこさんが持っている5個のみかんの重さの平均は何gですか。この問題は，計算の途中の式と答えを書きなさい。

2 さちこさんはスーパーマーケットに肉を買いに行きました。350gで973円の肉Aと，200gで596円の肉Bがあります。このとき，次の問いに答えなさい。

(1) 肉Aの100gあたりの値段は何円ですか。

(2) 肉Bの100gあたりの値段は何円ですか。

(3) 肉Aと肉Bを同じ金額分購入するとき，肉Aと肉Bではどちらの肉が重いですか。

3 家からスーパーマーケットまで2kmあります。このとき，次の問いに答えなさい。

(1) 家からスーパーマーケットまで歩いて行くと25分かかります。歩く速さは分速何mですか。

(2) 家からスーパーマーケットまで自転車を使って分速200mで行くと，何分かかりますか。

(3) 家からスーパーマーケットまで自動車を使って時速40kmで移動すると，何分かかりますか。

解き方と解答

問題 126ページ

---

1 りょうこさんのクラスでは，4月から8月の5か月の間に，学校で飼育しているニワトリ5羽が産んだ卵の個数の合計を記録しました。下の表は，各月の卵の個数をまとめたものです。これについて，次の問いに答えなさい。

月	4	5	6	7	8
ニワトリが産んだ卵の個数(個)	118	123	91	111	107

(1)　5か月の間に，ニワトリ5羽は何個の卵を産みましたか。

(2)　5か月の間に，ニワトリ1羽あたり平均何個の卵を産みましたか。

【解き方】

(1)　4月から8月の5か月間にニワトリ5羽が産んだ卵の数の合計は，表より，

$$118 + 123 + 91 + 111 + 107 = 550 \,(個)$$

550個　解答

(2)　**平均＝合計÷個数**　だから，

5か月の間に，ニワトリ1羽あたりが産んだ卵の数の平均は，

（5か月の間にニワトリ5羽が産んだ卵の数の合計）÷（ニワトリの数）

より，

$$550 \div 5 = 110 \,(個)$$

↪確認！

平均を求める式
平均＝合計÷個数

110個　解答

2 36枚入り486円のせんべいAと，28枚入り420円のせんべいBがあります。このとき，次の問いに答えなさい。

(1) せんべいAの1枚あたりの価格を求めなさい。

(2) 1枚あたりの価格は，せんべいAとせんべいBではどちらが安いといえますか。

【解き方】

(1) せんべいAの<u>1枚あたり</u>の<u>価格(円)</u>を求めるには，

せんべいAの価格の合計(円) を 枚数(枚) でわるとよい。

せんべいAは36枚入って486円だから，

1枚あたりの価格は，

(せんべい36枚の価格の合計)÷(せんべいの枚数)より，

$486 \div 36 = 13.5$ (円)

13.5円 解答

(2) まずはせんべいBの1枚あたりの価格を求める。

せんべいBは28枚入って420円だから，

せんべいBの1枚あたりの価格は，

(せんべい28枚の価格の合計)÷(せんべいの枚数)より，

$420 \div 28 = 15$ (円)

13.5 (円)< 15 (円)より，せんべいAのほうが安い。

せんべいA 解答

単位量あたりの大きさの求め方

<u>1人あたりの○○</u> → ○○の合計を<u>人数</u>でわる

<u>1個あたりの○○</u> → ○○の合計を<u>個数</u>でわる

<u>1 cm²あたりの○○</u> → ○○の合計を<u>面積</u>でわる

のように，単位に注目するとわかりやすい。

3 もえさんの家から学校までの道のりは600mです。もえさんはこの道のりを8分で歩きます。もえさんが歩く速さは一定であるとして，次の問いに答えなさい。

(1) もえさんが歩く速さは分速何mですか。

(2) もえさんは，家を出てから3分後には家から何m離れたところを歩いていますか。単位をつけて答えなさい。

(3) もえさんの妹が歩く速さは分速60mです。もえさんの妹は家から学校まで歩くと何分かかりますか。単位をつけて答えなさい。

【解き方】

(1) もえさんは8分で600m進んでいるから，

　速さ＝道のり÷時間より，

　その速さは，

　$600 \div 8 = 75$

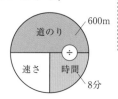

確認！
道のり＝速さ×時間
速さ＝道のり÷時間
時間＝道のり÷速さ

　　　分速75m 解答

(2) もえさんが分速75mで3分間進んでいるので，

道のり＝速さ×時間より，

　その道のりは，

　$75 \times 3 = 225 \,(m)$

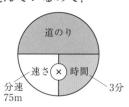

　　　225m 解答

(3) もえさんの妹が分速60mで600mの道のりを進んでいるので，

時間＝道のり÷速さより，

　かかる時間は，

　$600 \div 60 = 10 \,(分)$

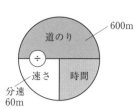

　　　10分 解答

B 解き方と解答

問題 127ページ

1 たかしさんはみかんを3個，ようこさんはみかんを2個持っています。たかしさんが持っているみかんの重さの平均は82gで，ようこさんが持っているみかんの重さは86gと88gです。このとき，次の問いに単位をつけて答えなさい。

(1) ようこさんが持っているみかんの重さの平均は何gですか。

(2) たかしさんとようこさんが持っている5個のみかんの重さの平均は何gですか。この問題は，計算の途中の式と答えを書きなさい。

【解き方】

(1) ようこさんが持っているみかんの重さの**合計**は，

$86 + 88 = 174 (g)$

ようこさんが持っているみかんの**個数**は2個。

よって，重さの平均は，**平均＝合計÷個数**より，$174 \div 2 = 87 (g)$

↪ **確認！**
平均＝合計÷個数

87g 解答

(2) 2人が持っている5個のみかんの重さは，

$82 \times 3 + 86 + 88 = 420 (g)$

みかんの重さの平均は，みかん全部の重さをその個数でわれば求めることができるので，

$420 \div 5 = 84 (g)$

途中の式を書く問題も出題されますね。

途中の式：⫶⫶ 参考

答：84g 解答

解法の ツボ⁇

平均と個数がわかっていれば合計は，
合計＝平均×個数
より求められる。
これより，たかしさんが持っている3個のみかんの重さは，
82×3で求められる。

2 さちこさんはスーパーマーケットに肉を買いに行きました。350gで973円の肉Aと，200gで596円の肉Bがあります。このとき，次の問いに答えなさい。

(1) 肉Aの100gあたりの値段は何円ですか。

(2) 肉Bの100gあたりの値段は何円ですか。

(3) 肉Aと肉Bを同じ金額分購入するとき，肉Aと肉Bではどちらの肉が重いですか。

【解き方】

(1) 肉Aの1gあたりの値段は，

肉Aの合計金額÷重さ350gで求める。

$973 \div 350 = 2.78$ （円）

よって，100gあたりの値段は，

$2.78 \times 100 = 278$ （円）　　　**278円**　**解答**

> **！注意**
> 100gあたりの金額だから，1gあたりの金額の100倍である。

比を使っても求めることもできます。

肉A100gのときの値段をx円とする。

肉Aの重さと値段の比の関係より，

$100 : x = 350 : 973$

$350x = 97300$

$x = 278$

> **↩確認！**
> $a : b = c : d$
> ならば
> $ad = bc$

(2) 肉Bの1gあたりの値段は，

$596 \div 200 = 2.98$ （円）

よって，100gあたりの値段は，

$2.98 \times 100 = 298$ （円）　　　**298円**　**解答**

> 肉Bについても比の関係から100gあたりの値段を求めることができます。

(3) 重さが同じ100gのとき，**肉A　278 (円)＜肉B　298 (円)** だから，単位量あたりの値段は肉Aのほうが安い。よって，同じ金額分購入したとき，肉Aのほうが重くなる。　　　**肉A**　**解答**

3 家からスーパーマーケットまで2kmあります。このとき，次の問い
に答えなさい。

(1) 家からスーパーマーケットまで歩いて行くと25分かかります。歩
く速さは分速何mですか。

(2) 家からスーパーマーケットまで自転車を使って分速200mで行く
と，何分かかりますか。

(3) 家からスーパーマーケットまで自動車を使って時速40kmで移動
すると，何分かかりますか。

【解き方】

(1) 道のりが 2 km＝2000m,

時間が25分だから，

速さ＝道のり÷時間 より，

求める速さは，

$2000 \div 25 = 80$ （m/min）

分速80m 解答

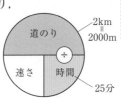

> 🔄 確認！
>
> 単位に注意する。
> 公式を使うときは，
> 「時速○km」と「km」と「時間」
> 「分速○m」と「m」と「分」
> 「秒速○m」と「m」と「秒」
> のように，単位をそろえる。

(2) 道のりが 2 km＝2000m，速さが分速200mだから，

時間＝道のり÷ 速さ より，

求める時間は，

$2000 \div 200 = 10$ より，10分。

10分 解答

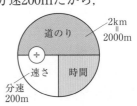

(3) 道のりが 2 km，速さが時速40kmだから，

時間＝道のり÷ 速さ より，

求める時間は，

$2 \div 40 = \dfrac{1}{20}$ より，$\dfrac{1}{20}$ 時間。

$\dfrac{1}{20}$ 時間 ＝ $\dfrac{1}{20} \times 60 = 3$ （分）

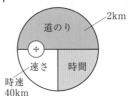

> 🔄 確認！
>
> 道のりを 2 km＝2000m,
> 速さを時速40km＝分速
> $\dfrac{40000}{60} = \dfrac{2000}{3}$ mとして，
> 時間は，$2000 \div \dfrac{2000}{3} = 3$
> （分）とも考えられる。

3分 解答

3 方程式

ここが出題される▶ 方程式の文章題は，文字式に表してから方程式をつくって解くという形でよく出題されます。文章中にある数量関係をしっかりと読み取って，式に表しましょう。

ⓅOINT　　　　方程式

▶方程式の文章題を解く手順

例 　1本80円の鉛筆を何本か買うと，代金が400円でした。このとき，買った鉛筆の本数を求めなさい。

① x を使って，数量を表す→買った鉛筆の本数を x 本とする。

② 等しい関係より方程式をつくる→（80円の鉛筆 x 本の値段）＝400円

　　　　　　　　　　　　　　　　　　　より，$80x = 400$

③ 方程式を解く→ $x = 5$ 　よって，5本

▶例題

　けいこさんは，花屋で1本150円のカーネーションと1本200円のバラをそれぞれ何本か買いました。バラの本数はカーネーションの本数よりも5本多かったそうです。カーネーションを x 本買ったとして，次の問いに答えなさい。ただし，消費税は値段に含まれているので，考える必要はありません。

(1) 　けいこさんは，バラを何本買いましたか。x を用いて表しなさい。

(2) 　カーネーションとバラの代金は，合わせて何円ですか。x を用いて表しなさい。

(3) 　けいこさんが買ったカーネーションとバラの代金は，全部で2050円でした。このとき，けいこさんはカーネーションとバラをそれぞれ何本買いましたか。この問題は，計算の途中の式と答えを書きなさい。

解答・解説

(1)　カーネーションをx本とすると，

「バラの本数はカーネーションの本数よりも5本多かった」より，

（バラの本数）＝（カーネーションの本数）＋5（本）　だから，
$$\underset{x\,(本)}{}$$

バラの本数は，$(x+5)$本　**答**

(2)　カーネーションとバラの代金を合わせると，

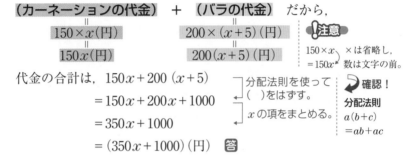

（カーネーションの代金）　＋　（バラの代金）　だから，
$$150 \times x\,(円) \qquad 200 \times (x+5)\,(円)$$
$$150x\,(円) \qquad 200(x+5)\,(円)$$

！注意

$150 \times x$　×は省略し，
$= 150x$　数は文字の前。

代金の合計は，$150x + 200\,(x+5)$

$= 150x + 200x + 1000$

$= 350x + 1000$

$= (350x + 1000)\,(円)$　**答**

分配法則を使って
（　）をはずす。

xの項をまとめる。

↻確認！
分配法則
$a(b+c)$
$= ab+ac$

(3)　「けいこさんが買ったカーネーションとバラの代金は，全部で

2050円」より，

（けいこさんが買ったカーネーションとバラの代金）$= 2050\,(円)$
$$(350x + 1000)\,(円)$$

だから，

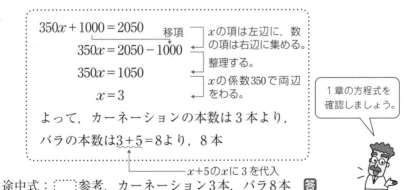

$$350x + 1000 = 2050$$
移項　　xの項は左辺に，数
　　　　の項は右辺に集める。
$$350x = 2050 - 1000$$
整理する。
$$350x = 1050$$
xの係数350で両辺
をわる。
$$x = 3$$

よって，カーネーションの本数は3本より，

バラの本数は$3+5 = 8$より，8本

1章の方程式を
確認しましょう。

$x+5$のxに3を代入

途中式：⌜⋯⌝参考，カーネーション3本，バラ8本　**答**

過去 1 だいきさんは，お父さん，お母さん，妹2人の5人で動物園に行きました。お父さんとお母さんは大人料金，だいきさんと2人の妹は子ども料金を払いました。大人1人の料金は子ども1人の料金より500円高かったそうです。子ども1人の料金をx円とするとき，次の問いに単位をつけて答えなさい。ただし，消費税は料金に含まれているので，考える必要はありません。

(1) 大人1人の料金は何円ですか。xを用いて表しなさい。

(2) 動物園の入園料は合わせて何円ですか。xを用いて表しなさい。

(3) 動物園の入園料は合わせて6200円だったそうです。このとき，子ども1人の料金は何円ですか。この問題は，計算の途中の式と答えを書きなさい。

2 兄は60個，弟は12個のビー玉を持っています。兄が弟に何個かビー玉をあげると，兄のビー玉の数は弟のビー玉の数の3倍になりました。兄が弟にあげたビー玉の数をx個として，次の問いに答えなさい。

(1) xを求めるための方程式をつくりなさい。

(2) 兄が弟にあげたビー玉の数は何個ですか。この問題は計算の途中の式と答えを書きなさい。

B チャレンジ問題

解き方と解答 140〜141ページ

1 さとこさんは家から図書館まで毎分80mの速さで歩いて行きました。さとこさんのお姉さんは，さとこさんが出発してから5分後に家を出て，同じ道を毎分180mの速さで図書館へ向かいました。2人は同時に図書館に着きました。さとこさんが家から図書館へ行くのにかかった時間をx分とするとき，次の問いに答えなさい。

(1) お姉さんが家から図書館までに行くのにかかった時間は何分ですか。xを用いて表しなさい。

(2) さとこさんが家から図書館へ行くのにかかった時間は何分ですか。

2 縦が18cm，横が24cmの長方形の厚紙があります。この厚紙1枚を使って同じ大きさの正方形のカードをつくります。カードの1辺の長さがもっとも長くなるように切り分けるとき，次の問いに答えなさい。ただし，厚紙はむだのないように切りとり，すべてカードになるものとします。

(1) 正方形の1辺の長さは何cmですか。

(2) この厚紙1枚からできる正方形のカードは何枚ですか。

1 だいきさんは，お父さん，お母さん，妹2人の5人で動物園に行きました。お父さんとお母さんは大人料金，だいきさんと2人の妹は子ども料金を払いました。大人1人の料金は子ども1人の料金より500円高かったそうです。子ども1人の料金を x 円とするとき，次の問いに単位をつけて答えなさい。ただし，消費税は料金に含まれているので，考える必要はありません。

(1) 大人1人の料金は何円ですか。x を用いて表しなさい。

(2) 動物園の入園料は合わせて何円ですか。x を用いて表しなさい。

(3) 動物園の入園料は合わせて6200円だったそうです。このとき，子ども1人の料金は何円ですか。この問題は，計算の途中の式と答えを書きなさい。

【解き方】

(1) （大人1人の料金）＝ （子ども1人の料金）＋500(円)
$$=x(円)$$

よって，大人1人の料金は，$x+500$（円）　　　$(x+500)$円 **解答**

(2) （動物園の入園料金）＝ （大人2人分の料金）＋ （子ども3人分の料金）
$$=(x+500)\times2(円) \qquad =x\times3(円)$$
$$=2(x+500)(円) \qquad =3x(円)$$

だから，$2(x+500)+3x=2x+1000+3x$
$$=5x+1000（円）$$

$(5x+1000)$円 **解答**

(3) （動物園の入園料金）＝6200円より，

$$5x+1000=6200$$
$$5x=6200-1000$$
$$5x=5200$$
$$x=1040$$

よって，子ども1人の料金は1040円

途中式：⋯ 参考

答：1040円 **解答**

2 兄は60個，弟は12個のビー玉を持っています。兄が弟に何個かビー玉をあげると，兄のビー玉の数は弟のビー玉の数の3倍になりました。兄が弟にあげたビー玉の数を x 個として，次の問いに答えなさい。

(1) x を求めるための方程式をつくりなさい。

(2) 兄が弟にあげたビー玉の数は何個ですか。この問題は計算の途中の式と答えを書きなさい。

【解き方】

(1) はじめに持っていたビー玉の数…

	兄	弟
	60個	12個

x 個 あげる

兄があげた後のビー玉の数…　$(60-x)$個　　$(12+x)$個

等しい関係に注目すると，

　　　（兄のビー玉の数）＝（弟のビー玉の数の3倍）　だから，

方程式は，

$$60-x=(12+x)\times 3$$
$$60-x=3(12+x)$$

×は省略

$$60-x=3\,(12+x)$$ 　**解答**

(2)
$$60-x=3\,(12+x)$$
分配法則を使って（　）をはずす。
$$60-x=36+3x$$
左辺に x の項，右辺に数の項を集める。
$$-x-3x=36-60$$
整理する。
$$-4x=-24$$
両辺を x の係数 -4 でわる。
$$x=6$$

> **注意**
> $$60-x=36+3x$$
> $$-x-3x=36-60$$
> 移項するときは符号が変わる。

6 個　**解答**

1 さとこさんは家から図書館まで毎分80mの速さで歩いて行きました。さとこさんのお姉さんは，さとこさんが出発してから5分後に家を出て，同じ道を毎分180mの速さで図書館へ向かいました。2人は同時に図書館に着きました。さとこさんが家から図書館へ行くのにかかった時間をx分とするとき，次の問いに答えなさい。

(1) お姉さんが家から図書館までに行くのにかかった時間は何分ですか。xを用いて表しなさい。

(2) さとこさんが家から図書館へ行くのにかかった時間は何分ですか。

【解き方】

(1) お姉さんはさとこさんが家を出てから5分後に家を出発し，図書館に同時に着いているので，

（お姉さんが家から図書館へ行くのにかかった時間）
＝（さとこさんが家から図書館へ行くのにかかった時間）－5（分）
x（分）

よって，$x-5$（分）

$(x-5)$分 　解答

(2) （さとこさんの道のり）＝（お姉さんの道のり）

$80 \times x$（m）　　　　$180 \times (x-5)$（m）

$80x$（m）　　　　$180(x-5)$（m）

解法の ツボ

道のり＝速さ×時間

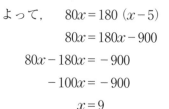

さとこさんもお姉さんも家から図書館まで同じ道のりを進んでいますね。

よって，　　$80x = 180(x-5)$

$80x = 180x - 900$

$80x - 180x = -900$

$-100x = -900$

$x = 9$

9分 　解答

2 縦が18cm，横が24cmの長方形の厚紙があります。この厚紙1枚を使って同じ大きさの正方形のカードをつくります。カードの1辺の長さがもっとも長くなるように切り分けるとき，次の問いに答えなさい。ただし，厚紙はむだのないように切りとり，すべてカードになるものとします。

(1) 正方形の1辺の長さは何cmですか。

(2) この厚紙1枚からできる正方形のカードは何枚ですか。

【解き方】

(1) 切り分ける正方形の1辺の長さを18と24の**公約数**にすればよい。

> ⏻**確認！**
> ・**約数**…ある自然数を割りきることのできる自然数。
> ・**公約数**…いくつかの自然数の共通な約数。
> ・**最大公約数**…公約数のうちもっとも大きい数。

18の約数 … ①, ②, ③, ⑥, 9, 18
24の約数 … ①, ②, ③, 4, ⑥, 8, 12, 24

厚紙を無駄なく正方形に切りとるときの
1辺の長さは，

1cm, 2cm, 3cm, 6cm

このうち，正方形の1辺の長さがもっとも

長いのは，6cm   **6cm** 解答

> 正方形の1辺の長さは，18と24の最大公約数になるんですね。

(2) 正方形の1辺が6cmのとき，

縦に　18÷6＝3（枚分）

横に　24÷6＝4（枚分）

切りとれるから，この厚紙1枚から

切りとれるカードの枚数は，

3×4＝12（枚）

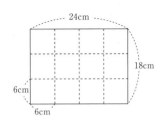

12枚 解答

ここが出題される
比例，反比例の関係式を利用した問題や，グラフに関する問題が出題されています。比例，反比例について，式やグラフの特徴をよく覚えておきましょう。

POINT　　　**比例・反比例**

▶座標

$P(\square, \triangle)$

　x座標　y座標

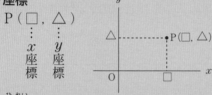

▶比例（yはxに比例する）

・xとyの関係を表す式 … $y = ax$（aは比例定数）

・xの値が2倍，3倍，…になると，yの値も2倍，3倍，…になる

▶反比例（yはxに反比例する）

・xとyの関係を表す式 … $y = \dfrac{a}{x}$（aは比例定数）

・xの値が2倍，3倍，… になると，yの値は$\dfrac{1}{2}$倍，$\dfrac{1}{3}$倍，…になる

▶比例，反比例のグラフ

・比例のグラフ … 原点を通る直線　　・反比例のグラフ … 双曲線
　$a>0$で右上がり，$a<0$で右下がり　　$a>0$で右上と左下に現れ，
　　　　　　　　　　　　　　　　　　　　$a<0$で左上と右下に現れる

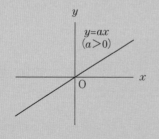

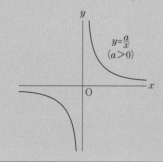

例題

　右の図で，①は比例のグラフ，②は反比
例のグラフです。点Aは①と②のグラフの
交点のうちの1つです。点Aの座標が(3，4)
のとき，次の問いに答えなさい。

(1)　①の式を求めなさい。

(2)　②の式を求めなさい。

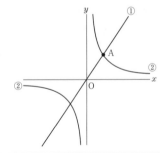

解答・解説

(1)　①は 比例 のグラフだから， $y=ax$ とおく。

　　A(3，4)は，$y=ax$ 上の点だから，

　　$y=ax$ に $x=3$，$y=4$ を代入して，

　　$4=a\times3$

　　$\quad 4=3a$

　　$\quad 3a=4$　　左辺と右辺を入れかえる。

　　$\quad a=\dfrac{4}{3}$　　両辺を3でわる。

　　よって，①の式は $y=\dfrac{4}{3}x$ **答**

確認！
原点を通る直線
↓
比例のグラフ
↓
$y=ax$

解法のツボ
A(3，4)は，$y=ax$上の点
$x=3$, $y=4$を$y=ax$に代入する。
↑　↑
4　3

(2)　②は 反比例 のグラフだから，$y=\dfrac{b}{x}$ とおく。

　　A(3，4)は，$y=\dfrac{b}{x}$ 上のグラフ上の点だから，

　　$y=\dfrac{b}{x}$ に $x=3$，$y=4$ を代入して，

　　$4=\dfrac{b}{3}$

　　$\dfrac{b}{3}=4$　　左辺と右辺を入れかえる。

　　$b=12$　　両辺に3をかける。

　　よって，②の式は $y=\dfrac{12}{x}$ **答**

確認！
双曲線
↓
反比例のグラフ
↓
$y=\dfrac{a}{x}$

解法のツボ
A(3，4)は$y=\dfrac{b}{x}$上の点
$x=3$, $y=4$を$y=\dfrac{b}{x}$に代入する。
↑　↑
4　3
※$xy=b$に $x=3$, $y=4$を代入
してもよい。

1 次の問いに答えなさい。

(1) yはxに比例し，グラフが点$(6, -42)$を通る直線であるとき，この直線の式を求めなさい。

(2) yはxに反比例し，グラフが点$(-9, -3)$を通る双曲線であるとき，この双曲線の式を求めなさい。

2 長さが$x$cmのとき値段がy円である針金があります。この針金が25cmのときの値段が100円であるとき，次の問いに答えなさい。

(1) この針金1cmの値段は何円ですか。

(2) yをxの式で表しなさい。

(3) $x=60$のときのyの値を求めなさい。

過去 **3** 縦の長さが$x$cm，横の長さが$y$cm，面積が32cm^{2}の長方形があります。このとき，次の問いに答えなさい。

(1) yをxの式で表しなさい。

(2) $x=4$のとき，yの値を求めなさい。

過去 **4** 右の図のように，直線$y=ax$と双曲線 $y=\dfrac{b}{x}$が点Aで交わっています。点Aの座標が$(6, 2)$であるとき，次の問いに答えなさい。

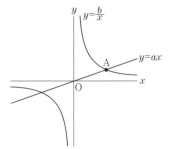

(1) aの値を求めなさい。

(2) bの値を求めなさい。

(3) 直線$y=ax$上にあり，y座標が-9である点のx座標を求めなさい。この問題は，計算の途中の式と答えを書きなさい。

B チャレンジ問題

解き方と解答 149～151ページ

1 　長さが20cmのひもをx人で切り分けたときの1人分の長さを$y$cm
とします。このとき，次の問いに答えなさい。

(1) 　yをxの式で表しなさい。

(2) 　このひもを8人で分けたときの1人分の長さは何cmですか。

(3) 　1人分が4cmになるとき，何人で分けましたか。

過去 **2** 　右の図で，①は比例（ひれい）のグラフ，②は
反比例のグラフです。点P，Qは①と
②のグラフの交点です。点Pの座標（ざひょう）が
$(3, 6)$のとき，次の問いに答えなさい。

(1) 　点Qの座標を求めなさい。

(2) 　①の式を求めなさい。

(3) 　②の式を求めなさい。この問題は計
算の途中（とちゅう）の式と答えを書きなさい。

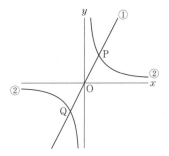

3 　右の図で，①は$y = -\dfrac{1}{2}x$のグラ
フで，②は反比例のグラフです。点
Pは①と②のグラフの交点で，x座
標は6です。点Qは②のグラフ上の
点で，y座標は9です。このとき，
次の問いに答えなさい。

(1) 　点Pのy座標を求めなさい。

(2) 　②の式を求めなさい。

(3) 　点Qのx座標を求めなさい。

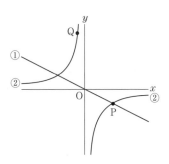

A 解き方と解答

問題 144ページ

1 次の問いに答えなさい。

(1) y は x に比例し，グラフが点 $(6, -42)$ を通る直線であるとき，この直線の式を求めなさい。

(2) y は x に反比例し，グラフが点 $(-9, -3)$ を通る双曲線であるとき，この双曲線の式を求めなさい。

【解き方】

(1) y は x に比例するので，求める式を $y = ax$ とおく。

このグラフは，点 $(6, -42)$ を通るので，

$y = ax$ に $x = 6$, $y = -42$ を代入して，

$-42 = a \times 6$

$-42 = 6a$

$6a = -42$ ← 左辺と右辺を入れかえる。

$a = -7$ ← 両辺を6でわる。

よって，$y = -7x$

$\boxed{y = -7x}$ **解答**

> **！注意**
> $(\square, \triangle)$ を通る→
> x 座標の $\square$ → x へ
> y 座標の $\triangle$ → y へ
> 代入する。

(2) y は x に反比例するので，求める式を $y = \dfrac{a}{x}$ とおく。

このグラフは，点 $(-9, -3)$ を通るので，

$y = \dfrac{a}{x}$ に $x = -9$, $y = -3$ を代入して，

$-3 = \dfrac{a}{-9}$

$\dfrac{a}{-9} = -3$ ← 両辺に -9 をかける。

$a = 27$

よって，$y = \dfrac{27}{x}$

> **解法のツボ**
> $a = xy$ より
> $a = (-9) \times (-3)$
> $= 27$
> としても求められる。

> 比例の式は
> $y = ax$
> 反比例の式は
> $y = \dfrac{a}{x}$
> でしたね。

$\boxed{y = \dfrac{27}{x}}$ **解答**

2 長さが$x$cmのとき値段がy円である針金があります。この針金が25cmのときの値段が100円であるとき，次の問いに答えなさい。

(1) この針金1cmの値段は何円ですか。

(2) yをxの式で表しなさい。

(3) $x=60$のときのyの値を求めなさい。

【解き方】

(1) 針金が25cmのときの値段が100円より，針金1cmの値段は，

$100 \div 25 = 4$（円）

4円 【解答】

(2) 針金の値段 ＝ 1cmあたりの値段 × 長さ だから，

　　y円　　　　　　4円　　　　　$x$cm

$y = 4x$

$y = 4x$ 【解答】

(3) $y=4x$に$x=60$を代入して，

$y = 4 \times 60 = 240$

$y = 240$ 【解答】

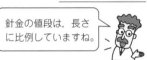

針金の値段は，長さに比例していますね。

---

3 縦の長さが$x$cm，横の長さが$y$cm，面積が$32\,\text{cm}^2$の長方形があります。このとき，次の問いに答えなさい。

(1) yをxの式で表しなさい。

(2) $x=4$のとき，yの値を求めなさい。

【解き方】

(1) 長方形の面積 ＝ 縦の長さ × 横の長さ より，

　　$32\,\text{cm}^2$　　　　　$x$cm　　　　$y$cm

$32 = xy$ ┐
　　　　　左辺と右辺を入れかえる。
$xy = 32$ ┘

　　　　　両辺をxでわる。
$y = \dfrac{32}{x}$

解法のツボ

（横の長さ）＝（面積）÷（縦の長さ）

　　y　　＝　32　÷　　x

と考えてもよい。

$y = \dfrac{32}{x}$ 【解答】

(2) $y = \dfrac{32}{x}$に$x=4$を代入して，

$y = \dfrac{\overset{8}{32}}{\underset{1}{4}} = 8$

$y = 8$ 【解答】

4 右の図のように，直線 $y = ax$ と双曲線 $y = \dfrac{b}{x}$ が点Aで交わっています。点Aの座標が $(6, 2)$ であるとき，次の問いに答えなさい。

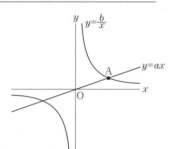

(1) a の値を求めなさい。

(2) b の値を求めなさい。

(3) 直線 $y = ax$ 上にあり，y 座標が -9 である点の x 座標を求めなさい。この問題は，計算の途中の式と答えを書きなさい。

【解き方】

(1) A$(6, 2)$ は $y = ax$ 上の点より，$y = ax$ に $x = 6$，$y = 2$ を代入して，
$$2 = 6a$$
$$a = \dfrac{1}{3}$$

$\boldsymbol{a = \dfrac{1}{3}}$ 　解答

(2) A$(6, 2)$ は $y = \dfrac{b}{x}$ 上の点より，$y = \dfrac{b}{x}$ に $x = 6$，$y = 2$ を代入して，
$$2 = \dfrac{b}{6}$$
$$b = 12$$

$\boldsymbol{b = 12}$ 　解答

(3) $a = \dfrac{1}{3}$ より，$y = ax$ は $y = \dfrac{1}{3}x$

この式に，$y = -9$ を代入して，
$$-9 = \dfrac{1}{3}x$$
$$\dfrac{1}{3}x = -9$$
$$x = -27$$

よって，x 座標は -27

途中式：┈ 参考

答：$\boldsymbol{x = -27}$ 　解答

解き方と解答

問題 145ページ

1 長さが20cmのひもをx人で切り分けたときの1人分の長さを$y$cmとします。このとき，次の問いに答えなさい。

(1) yをxの式で表しなさい。

(2) このひもを8人で分けたときの1人分の長さは何cmですか。

(3) 1人分が4cmになるとき，何人で分けましたか。

【解き方】

(1) 1人分の長さ ＝ もとの長さ ÷ 切り分ける人数　だから，
　　 $y$cm　　　20cm　　　x人

$y = 20 \div x$　より，

$y = \dfrac{20}{x}$

$$y = \frac{20}{x}$$ 解答

(2) 1人分の長さ ＝ もとの長さ ÷ 切り分ける人数　だから，
　　 $y$cm　　　20cm　　　8人

$y = \dfrac{20}{x}$に$x = 8$を代入して，

$y = \dfrac{20}{8} = 2.5$

 解法の**ツボ**

8人で分けるときの1人分の長さ？cm
　$x=8$　　　　　$y=?$
→$x=8$を代入してyの値を求める

よって，1人分の長さは2.5cm

2.5cm 解答

(3) 1人分の長さ ＝ もとの長さ ÷ 切り分ける人数　だから，
　　 4cm　　　20cm　　　x人

$xy = 20$に$y = 4$を代入して，

$4x = 20$

$x = 5$

 解法の**ツボ**

1人分が4cmになるときの人数？人
　$y=4$　　　　　$x=?$
→$y=4$を代入して、xの値を求める。

よって，人数は5人

5人 解答

2 右の図で，①は比例のグラフ，②は反
比例のグラフです。点P，Qは①と②のグ
ラフの交点です。点Pの座標が(3, 6)のと
き，次の問いに答えなさい。

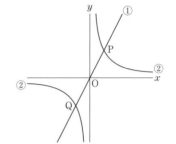

(1) 点Qの座標を求めなさい。

(2) ①の式を求めなさい。

(3) ②の式を求めなさい。この問題は計
算の途中の式と答えを書きなさい。

【解き方】

(1) **点Pと点Qは原点Oについて対称な点**になるから，

点P（ 3 , 6 ） より，

符号
が逆

点Q（ -3 , -6 ）

　　　　　点Q（-3, -6） 解答

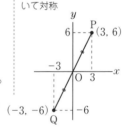

🔁確認！

点Pと点Qは原点Oについて対称

(2) ①は比例のグラフなので，式を$y = ax$とおく。

点(3, 6)を通るので，$x = 3$，$y = 6$を代入して，

$6 = 3a$

$a = 2$

よって，$y = 2x$

　　　　　　　　　　$y = 2x$ 解答

(3) ②は反比例のグラフなので，式を$y = \dfrac{b}{x}$とおく。

点(3, 6)を通るので，$x = 3$，$y = 6$を代入して

$6 = \dfrac{b}{3}$

$b = 6 \times 3$

$b = 18$

よって，$y = \dfrac{18}{x}$

途中式：⋯⋯ 参考

答：$y = \dfrac{18}{x}$ 解答

3 右の図で，①は $y = -\dfrac{1}{2}x$ のグラフ

で，②は反比例のグラフです。点Pは

①と②のグラフの交点で，x 座標は6

です。点Qは②のグラフ上の点で，y

座標は9です。このとき，次の問いに

答えなさい。

(1) 点Pの y 座標を求めなさい。

(2) ②の式を求めなさい。

(3) 点Qの x 座標を求めなさい。

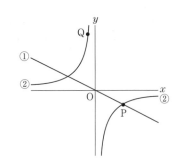

【解き方】

(1) 点Pは $y = -\dfrac{1}{2}x$ 上の点で，x 座標は6より，

$x = 6$ を代入して，

$$y = -\frac{1}{2} \times 6 = -3$$

-3 【解答】

(2) ②のグラフは**双曲線**なので反比例のグラフだから，

$y = \dfrac{a}{x}$ とおく。

P(6，-3) を通るので，$x = 6$，$y = -3$ を代入して，

$$-3 = \frac{a}{6}$$

$$a = -18$$

よって，②の式は $y = -\dfrac{18}{x}$

$y = -\dfrac{18}{x}$ 【解答】

(3) 点Qの y 座標が9より，

$xy = -18$ に $y = 9$ を代入して，

$$9x = -18$$

$$x = -2$$

-2 【解答】

> 反比例の式は
> $y = \dfrac{a}{x}$ のままでは
> 使いにくいときは
> $xy = a$ の形にすると
> いいんですね。

5 平面図形

ここが出題される
三角形や四角形，平行四辺形などの面積を求める問題や，線対称や点対称な図形の性質を利用する問題などがよく出題されています。公式をしっかり覚えて，活用できるようにしておきましょう。

POINT　　図形の公式，対称な図形

▶三角形の角

・三角形の３つの角の大きさの和は180°

・二等辺三角形の底角は等しい。

▶図形の面積の公式

・(三角形の面積)＝(底辺)×(高さ)÷2

・(平行四辺形の面積)＝(底辺)×(高さ)

・(台形の面積)＝{(上底)＋(下底)}×(高さ)÷2

▶円に関する公式

・(円周の長さ)＝(直径)×(円周率π)

・(円の面積)＝(半径)×(半径)×(円周率π)＝(半径)^2×(円周率π)

▶おうぎ形に関する公式

・(おうぎ形の弧の長さ)＝$2 \times$(円周率π)$\times$(半径)$\times \dfrac{中心角}{360}$

・(おうぎ形の面積)＝(円周率π)$\times$(半径)$^2 \times \dfrac{中心角}{360}$

▶対称な図形

・線対称な図形　　　　　　　　・点対称な図形

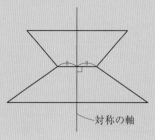

対称の軸

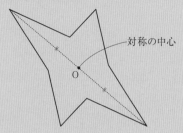

対称の中心

O

例題

次の図形の面積は何cm²ですか。単位をつけて答えなさい。

(1)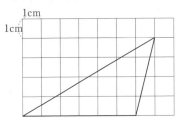

(2)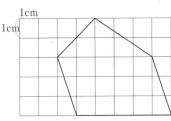

解答・解説

(1)　三角形の面積を求める公式は,

求める面積は,

$6 \times 4 \div 2 = 12$ (cm²)　答

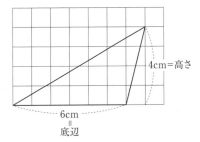

(2)　この図形を①の部分と②の部分の2つに分ける。

①は三角形なので,

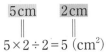

$5 \times 2 \div 2 = 5$ (cm²)

②は平行四辺形なので,

$5 \times 3 = 15$ (cm²)

よって, 求める面積は,

$5 + 15 = 20$ (cm²)　答

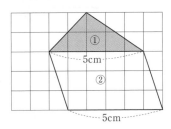

2つの図形に分けて考えるのがポイントなんですね。

解き方と解答 156〜158ページ

過去 **1** 右の四角形アイウエについて，次の問いに答えなさい。

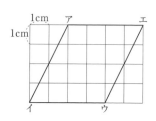

(1) この四角形は何という四角形ですか。もっともふさわしい名前で答えなさい。

(2) この四角形の面積は何cm²ですか。単位をつけて答えなさい。

2 下の図形の面積は何cm²ですか。単位をつけて答えなさい。ただし，円周率はπとします。

(1) 台形

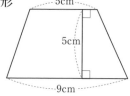

(2) おうぎ形

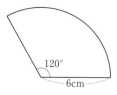

過去 **3** ゆうみさんは右の図のように，円の中心のまわりの角を8等分して，正八角形をかきました。このとき，次の問いに単位をつけて答えなさい。

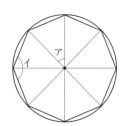

(1) アの角度は何度ですか。

(2) イの角度は何度ですか。

4 右の図は，点Oを対称の中心とする点対称な図形です。これについて，次の問いに答えなさい。

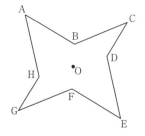

(1) 点Aに対応する点はどれですか。

(2) 辺FGに対応する辺はどれですか。

B チャレンジ問題

得点

全**7**問

解き方と解答 159〜161ページ

1 下の図の色を塗った部分の面積を求めなさい。

(1)

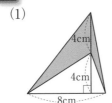

(2)

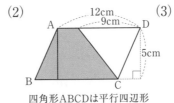

四角形ABCDは平行四辺形

(3)

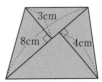

過去 **2** 下の図のように，正方形の紙を①，②の順に上から下，左から右と，半分ずつ2回折り，図の色を塗った部分（かどの部分）をはさみで切り落とします。図の色を塗った部分は，同じ大きさで同じ形の三角形です。このとき，次の問いに答えなさい。

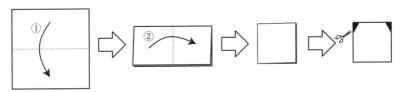

(1) 紙を開いたとき，紙に穴ができます。そのときにできる穴の形は何という図形ですか。もっともふさわしい名前で答えなさい。

(2) 切り落としたほうの紙を開いてできる図形は何種類ありますか。

過去 **3** 大相撲の土俵は円の形をしており，その直径は4.55mです。このとき，次の問いに単位をつけて答えなさい。ただし，円周率は3.14とします。

(1) 土俵の円周の長さは何mですか。

(2) 土俵の面積は何m²ですか。答えは小数第2位を四捨五入して小数第1位まで求めなさい。

A 解き方と解答

問題 154ページ

1 右の四角形アイウエについて，次の問い
　に答えなさい。

（1）　この四角形は何という四角形ですか。
　　　もっともふさわしい名前で答えなさい。

（2）　この四角形の面積は何cm²ですか。単
　　　位をつけて答えなさい。

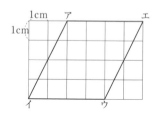

【解き方】

（1）　**向かい合った2組の辺が平行**だから，
　　　四角形アイウエは平行四辺形

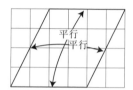

　　　　　　　　　平行四辺形　解答

（2）　（平行四辺形の面積）＝(底辺)×(高さ)
　　　　　　　　　　　　　　　　　 4cm　　4cm
　　　求める面積は，4×4＝16（cm²）

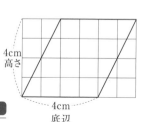

　　　　　　　　　　16cm²　解答

これだけは覚えておこう

平行四辺形 … 向かい合った2組の辺が平行である。

長方形 … 4つの角が等しい。

ひし形 … 4つの辺が等しい。

正方形 … 4つの辺と角が等しい。

台形 … 向かい合った1組の辺が平行である。

2 下の図形の面積は何cm²ですか。単位をつけて答えなさい。ただし，円周率はπとします。

(1) 台形

(2) おうぎ形

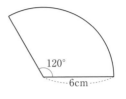

【解き方】

(1) 台形の面積を求める公式は，

{(上底) + (下底)} × (高さ) ÷ 2

5cm   9cm   5cm

よって，求める面積は，

$(5+9) \times 5 \div 2 = 14 \times 5 \div 2$
$\qquad\qquad\qquad\quad = 35 \,(\mathrm{cm}^2)$

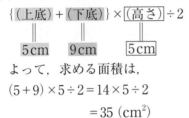

35cm² 解答

(2) おうぎ形の面積を求める公式は，

(円周率π) × (半径)² × $\dfrac{中心角}{360}$ ← 120°

6cm

よって，求める面積は，

$\pi \times 6^2 \times \dfrac{120}{360} = \pi \times 36 \times \dfrac{1}{3}$
$\qquad\qquad\qquad\quad = 12\pi \,(\mathrm{cm}^2)$

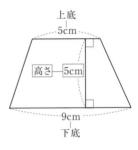

12π cm² 解答

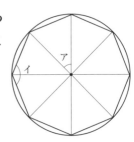

3 ゆうみさんは右の図のように，円の中心のまわりの角を8等分して，正八角形をかきました。このとき，次の問いに単位をつけて答えなさい。

(1) アの角度は何度ですか。

(2) イの角度は何度ですか。

【解き方】

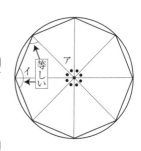

(1) アは，360°を8等分した1つの角なので，その角度は，360°÷8＝45°

45度　解答

(2) イの角は，二等辺三角形の底角2つ分
よって，イの角度は，
$\underline{180° - 45° = 135°}$

135度　解答

4 右の図は，点Oを対称の中心とする点対称な図形です。これについて，次の問いに答えなさい。

(1) 点Aに対応する点はどれですか。

(2) 辺FGに対応する辺はどれですか。

【解き方】

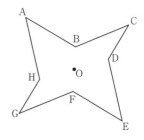

(1) Aと原点Oを結ぶと，対応する点がわかる。Aと対称な点はE

点E　解答

(2) Fと対応する点はB
Gと対応する点はC
よって，辺FGに対応する辺は辺BC

辺BC　解答

B 解き方と解答

問題 155ページ

1 下の図の色を塗った部分の面積を求めなさい。

(1)

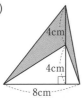

(2)

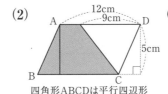

四角形ABCDは平行四辺形

(3)

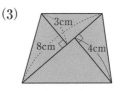

【解き方】

(1)　三角形① から，三角形② を ひく。

底辺8cm，高さ8cm　　底辺8cm，高さ4cm

$8 \times 8 \div 2 - 8 \times 4 \div 2$

$= 32 - 16$

$= 16 \ (\text{cm}^2)$

$\underline{16\text{cm}^2}$ 解答

(2)　平行四辺形 から，三角形 を ひく。

底辺12cm，高さ5cm　　底辺9cm，高さ5cm

$12 \times 5 - 9 \times 5 \div 2$

$= 60 - 22.5$

$= 37.5 \ (\text{cm}^2)$

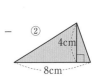

$\underline{37.5\text{cm}^2}$ 解答

(3)　三角形① と 三角形② を たす。

底辺8cm，高さ3cm　　底辺8cm，高さ4cm

$8 \times 3 \div 2 + 8 \times 4 \div 2$

$= 12 + 16$

$= 28 \ (\text{cm}^2)$

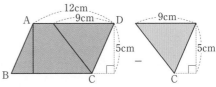
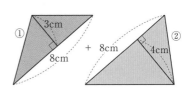

$\underline{28\text{cm}^2}$ 解答

2 下の図のように，正方形の紙を①，②の順に上から下，左から右と，半分ずつ2回折り，図の色を塗った部分（かどの部分）をはさみで切り落とします。図の色を塗った部分は，同じ大きさで同じ形の三角形です。このとき，次の問いに答えなさい。

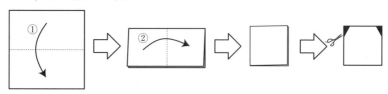

(1) 紙を開いたとき，紙に穴ができます。そのときにできる穴の形は何という図形ですか。もっともふさわしい名前で答えなさい。

(2) 切り落としたほうの紙を開いてできる図形は何種類ありますか。

【解き方】

(1) 折った順と逆に開いていく。

解法のツボ?

折り目が対称の軸となる線対称な図形と考える。

辺や角に注目すると，四角形の種類がわかりますね。

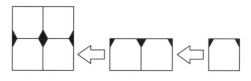

紙を開いたときにできる穴の図形は

<u>4つの辺の長さが等しい</u>　ので，

<u>ひし形</u>　である。

ひし形 解答

(2) 切り落とした紙は，(1)の図の黒い部分にあたるから，

!注意

何個？ではなく何種類？と問われているので，同じ大きさ，形の二等辺三角形は1種類と考える。

| 二等辺三角形が2つ | と | ひし形が1つ | で，全部で2種類となる。

2種類 解答

160

3 大相撲の土俵は円の形をしており，その直径は4.55mです。このと
き，次の問いに単位をつけて答えなさい。ただし，円周率は3.14としま
す。

(1) 土俵の円周の長さは何mですか。

(2) 土俵の面積は何m²ですか。答えは小数第2位を四捨五入して小数
第1位まで求めなさい。

【解き方】

(1) 円周の長さを求める公式は，

$$\underset{\substack{\Vert\\ 4.55m}}{(\text{直径})} \times \underset{\substack{\Vert\\ 3.14}}{(\text{円周率})}$$

よって，土俵の円周の長さは，

$4.55 \times 3.14 = 14.287$ (m)

電卓で計算を確認
しましょう。

14.287m 解答

(2) 円の面積を求める公式は，

$$(\text{半径}) \times (\text{半径}) \times \underset{\substack{\Vert\\ 3.14}}{(\text{円周率})}$$

円の直径が4.55mより，

半径は，$4.55 \div 2 = 2.275m$

よって，土俵の面積は，

$2.275 \times 2.275 \times 3.14 = 16.2514625$ (m²)

小数第2位を四捨五入すると，

$16.\overset{3}{2}514625$ (m²) → 16.3 (m²)

↑
小数第2位が5なので
切り上げ。

↪**確認！**

1 6 . 2 5
↑ ↑
小 小
数 数
第 第
二 一
位 位

四捨五入…0, 1, 2, 3, 4
→切り捨て
…5, 6, 7, 8, 9
→切り上げ

16.3m² 解答

6 作 図

基本の作図（垂直二等分線・角の二等分線・垂線）の手順を正確に身につけましょう。出題の意図を読み取って，条件を満たすために，基本の作図から正しく選択できるようになりましょう。

POINT — 基本の作図（垂直二等分線・角の二等分線・垂線）

> 手順の一つ一つの意味を考えてみよう。

▶垂直二等分線（図1）
・手順1…線分の両端 A，B を中心とする等しい半径の円をかく。
・手順2…円の交点 C，D を通る直線 CD を引く。

▶角の二等分線（図2）
・手順1…点 O を中心とする円と半直線 OX，OY との交点を A，B とする。
・手順2…点 A，B を中心とする等しい半径の円をかき，交点を C とする。
・手順3…半直線 OC を引く。

▶直線上にない点 P を通る垂線（図3）
・手順1…点 P を中心とする円をかき，直線 XY との交点を A，B とする。
・手順2…点 A，B を中心とする等しい半径の円をかき，交点を C とする。
・手順3…直線 PC を引く。

▶直線上の点 P を通る垂線
・点 P を中心とする円をかき，直線 XY との交点を A，B として，**「直線上にない点 P を通る垂線」**の手順2，手順3と同様の手順で垂線を作図する。

図1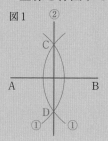

図2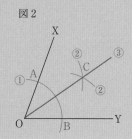

図3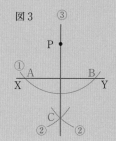

例題

次の作図をしなさい。

(1) 図1で，点**P**を通り，直線**XY**に垂直な直線

(2) 図2の△**ABC**で，辺**AB**の垂直二等分線と，∠**BAC**の二等分線

図1　　　　　　　　　　　　　　　図2

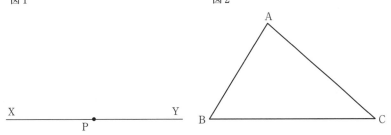

解答・解説

(1) 点Pを中心とする円をかき，直線XYとの交点をA，Bとする。

　点A，Bを中心とする等しい半径の円をかき，交点をCとする。

　直線PCを引く。

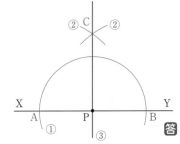

(2)・辺ABの垂直二等分線

　辺の両端A，Bを中心とする等しい半径の円をかく。

　円の交点D，Eを通る直線DEを引く。

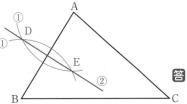

　・∠BACの二等分線

　点Aを中心とする円と辺AB，ACとの交点をF，Gとする。点F，Gを中心とする等しい半径の円をかき，交点をHとする。半直線AHを引く。

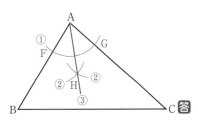

解き方と解答 166ページ

1 次の条件を満たす図を作図しなさい。

(1) おうぎ形 OAB の面積を二等分する，点 O を端とする半直線。

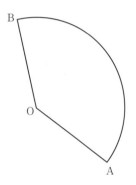

(2) 円 O の円周上の点 P を通る，円 O の接線。

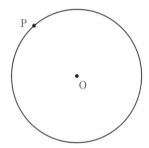

(3) 線分 AB，AC を弦とする円の中心 O。

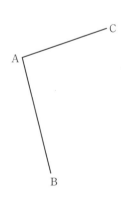

B チャレンジ問題

解き方と解答 167ページ

1 次の条件を満たす図を作図しなさい。

(1) 直線 ℓ 上の点 P で，線分 AP を
直径として ℓ に接する円。

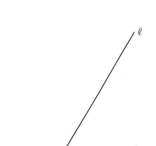

(2) 点 C を中心として，$\triangle$ ABC を $\dfrac{1}{2}$ に
縮小した $\triangle$ DEC。

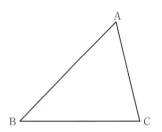

(3) 線分 CD 上にあって，$\angle$PAB $= 45°$
となる点 P。

解き方と解答

問題 164ページ

1 次の条件を満たす図を作図しなさい。

(1) おうぎ形 **OAB** の面積を二等分する，点 **O** を端とする半直線。(図1)

(2) 円 **O** の円周上の点 **P** を通る，円 **O** の接線。(図2)

(3) 線分 **AB**，**AC** を弦とする円の中心 **O**。(図3)

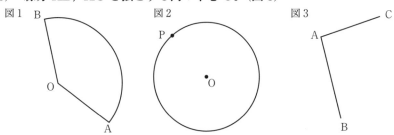

【解き方】

(1) おうぎ形の半径は等しいので，中心角が等しければ面積は等しい。
∠AOB の二等分線を作図する。　　　　　　　　　図1 [解答]

(2) 円の接線は接点を通る半径に垂直である。半直線 OP をかき，点 P を
通る半直線 OP の垂線を作図する。　　　　　　　図2 [解答]

(3) 円の中心は弦の垂直二等分線上にある。線分 AB，AC の垂直二等分線
を作図し，交点 O を示す。　　　　　　　　　　図3 [解答]

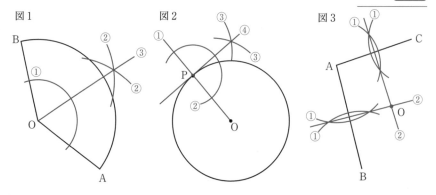

B 解き方と解答

問題 165 ページ

1 次の条件を満たす図を作図しなさい。

(1) 直線 ℓ 上の点 P で，線分 AP を直径として ℓ に接する円。(図1)

(2) 点 C を中心として，△ABC を $\dfrac{1}{2}$ に縮小した△DEC。(図2)

(3) 線分 CD 上にあって，∠PAB = 45°となる点 P。(図3)

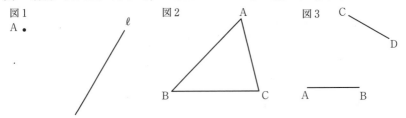

図1
A •

ℓ

図2
A
B
C

図3
C
D
A
B

【解き方】

(1) 円の接線は接点を通る半径に垂直で，円の中心は直径の中点である。

・点 A を通る ℓ の垂線を作図して，ℓ との交点 P を示す。

・線分 AP の垂直二等分線と線分 AP の交点が中心の円をかく。

図1 **解答**

(2) 点 C を中心にして，△ABC を $\dfrac{1}{2}$ に縮小したのが△DEC だから，点 D，E はそれぞれ，辺 AC，BC の中点である。

・線分 AC，BC の垂直二等分線と辺 AC，BC との交点 D，E を示す。

・2点 D，E を結んで，△DEC をかく。

図2 **解答**

(3) 90°を二等分することで，45°を作図する。

・線分 AB を A の方向に延長し，点 A を通る線分 AB の垂線を作図する。

・線分 CD 側に90°の二等分線を作図し，線分 CD との交点 P を示す。

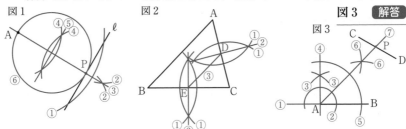

図1
A
ℓ
P

図2
A
D
B
E
C

図3 **解答**
C
P
D
A
B

空間図形

ここが
出題される ▶ 辺や面の位置関係についての問題や，立体の表面積や体積を
求める問題がよく出題されています。公式をしっかり覚えて，
表面積や体積がきちんと求められるようにしておきましょう。

POINT **辺や面の位置関係，立体の表面積と体積**

▶**直線と直線の位置関係**

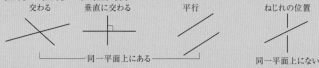

交わる　　　　　垂直に交わる　　　　　平行　　　　　ねじれの位置

————同一平面上にある————　　　　同一平面上にない

▶**直線と平面の位置関係**

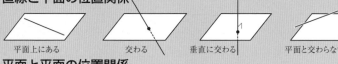

平面上にある　　　　　交わる　　　　　垂直に交わる　　　　　平面と交わらない（平行）

▶**平面と平面の位置関係**

交わる　　　　　垂直に交わる　　　　　平行

▶**立体の表面積**

・（円柱，角柱の表面積）＝（底面積）×2＋（側面積）

・（円錐，角錐の表面積）＝（底面積）＋（側面積）

▶**立体の体積**

・（直方体の体積）＝（縦）×（横）×（高さ）

・（立方体の体積）＝（1辺）×（1辺）×（1辺）

・（円柱，角柱の体積）＝（底面積）×（高さ）

・（円錐，角錐の体積）＝（底面積）×（高さ）×$\frac{1}{3}$

▶**球に関する公式**

・（球の表面積）＝4×（円周率π）×（半径）^{2}

・（球の体積）＝$\frac{4}{3}$×（円周率π）×（半径）^{3}

例題

　右の図のような縦5cm，横6cm，高さ8cmの直方体ABCD－EFGHがあります。この直方体について，次の問いに答えなさい。

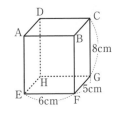

(1)　辺ABと平行な辺は何本ありますか。

(2)　辺FGと垂直な面はどれですか。すべて答えなさい。

(3)　この直方体の体積は何cm³ですか。

(4)　この直方体の横を$a$cmのばした立体の表面積は何cm²になりますか。

解答・解説

(1)　辺ABと平行な辺は，
　　辺EF，辺HG，辺DCの3本 答

解法のツボ？

直方体はどの面も長方形

(2)　辺FGと垂直な面は，
　　面AEFBと面DHGC 答

(3)　直方体の体積は，**(縦)×(横)×(高さ)**より，
　　$5×6×8=240 (cm^3)$ 答

（見取図）

(4)　直方体の横を$a$cmのばした立体の
　　見取り図と展開図を考える。
　・底面積は，$5×(6+a)=30+5a (cm^2)$
　・側面の長方形の縦は8cm，
　　横は，$5×2+(6+a)×2=10+12+2a$
　　　　　　　　　　　　$=22+2a (cm)$
　側面積は，$8×(22+2a)=176+16a (cm^2)$
　したがって，立体の表面積は，
　(底面積)×2＋(側面積)＝$(30+5a)×2+176+16a$
　　　　　　　　　　　$=26a+236 (cm^2)$ 答

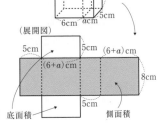

（展開図）

底面積

側面積

解き方と解答 172～174ページ

1 次の立体の体積は何cm³ですか。単位をつけて答えなさい。ただし，円周率はπとします。

(1)

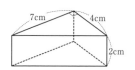

(2)

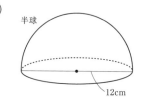

2 右の図はある立体の展開図です。この展開図を組み立ててできる立体について，次の問いに答えなさい。

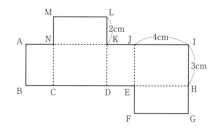

(1) 辺GHと重なる辺はどれですか。

(2) この立体の表面積は何cm²ですか。

(3) この立体の体積は何cm³ですか。

3 右の図のような展開図があります。このとき，次の問いに答えなさい。ただし，円周率はπとします。

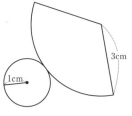

(1) 展開図を組み立ててできる立体の投影図を次のア～ウから1つ選び，記号で答えなさい。

ア

イ

ウ

(2) おうぎ形の弧の長さは何cmですか。

B チャレンジ問題

得点

全**7**問

解き方と解答 175〜177ページ

過去 1 次の立体の体積は何cm³ですか。単位をつけて答えなさい。(1) は直方体です。この問題は，計算の途中の式と答えを書きなさい。(2) は円錐です。円周率は π として答えなさい。

(1)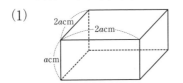

(2)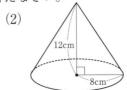

過去 2 内側の長さが縦30cm，横50cm，深さ40cmの直方体の形をした水槽があります。このとき，次の問いに単位をつけて答えなさい。

(1) この水槽に入る水の体積は何cm³ですか。

(2) この水槽に毎分7Lの割合で水を入れました。水を入れはじめてから6分後の水の深さは何cmですか。この問題は，途中の式と答えを書きなさい。

過去 3 右の図は，1辺の長さが12cmの立方体 ABCD – EFGHを3点B，D，Eを通る平面で切って，頂点Aを含むほうを取り除いた立体です。この立体について，次の問いに答えなさい。

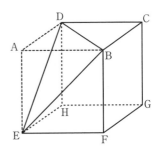

(1) 面DBCと平行な面を答えなさい。

(2) 辺CDとねじれの位置にある辺はいくつありますか。

(3) この立体の体積は何cm³ですか。単位をつけて答えなさい。この問題は，計算の途中の式と答えを書きなさい。

解き方と解答

問題 170ページ

1 次の立体の体積は何cm³ですか。単位をつけて答えなさい。ただし，円周率はπとします。

(1)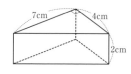

(2)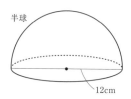

【解き方】

(1) **（三角柱の体積）＝（底面積）×（高さ）** を利用する。

三角形の面積

底面積は， (底辺)×(高さ)÷2

$4 \times 7 \div 2 = 14$ (cm²)

よって，求める体積は，
$14 \times 2 = 28$ (cm³)

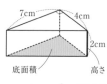

立体の体積を求める公式は必ず覚えておきましょう。

28cm² **解答**

(2) **（球の体積）＝$\dfrac{4}{3}$×（円周率π）×（半径）³** を利用する。

この半球の半径は$12 \div 2 = 6$ (cm)で，
半球は球の半分だから，
求める体積は，

$\dfrac{1}{2} \times \dfrac{4}{3} \times \pi \times 6^3 = 144\pi$ (cm³)

144π cm³ **解答**

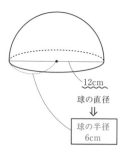

12cm
球の直径
⇓
球の半径
6cm

2 右の図はある立体の展開図です。この展開図を組み立ててできる立体について，次の問いに答えなさい。

(1) 辺GHと重なる辺はどれですか。

(2) この立体の表面積は何cm²ですか。

(3) この立体の体積は何cm³ですか。

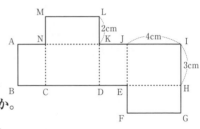

【解き方】

(1) 展開図を組み立てるように考えていく。FとD，GとC，HとBが重なるので，

辺GHと重なる辺は，辺CB

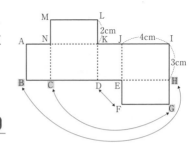

辺CB 解答

(2) 直方体（四角柱）の表面積は，

(表面積)＝(底面積)×2＋(側面積)で，

(底面積)＝2×4＝8 (cm²)

(側面積)＝3×(2+4+2+4)

   ＝36 (cm²)

よって，求める表面積は，

8×2+36＝52 (cm²)

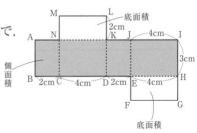

52cm² 解答

(3) 直方体（四角柱）の体積は，

(底面積)×(高さ) より，

8×3＝24 (cm³)

24cm³ 解答

展開図を組み立てると，直方体ができますね。

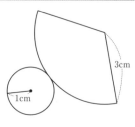

3 右の図のような展開図があります。

このとき，次の問いに答えなさい。

ただし，円周率は π とします。

(1) 展開図を組み立ててできる立体の投影図を次のア～ウから 1 つ選び，記号で答えなさい。

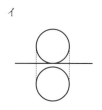
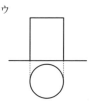

ア　　　　　　イ　　　　　　ウ

(2) おうぎ形の弧の長さは何cmですか。

【解き方】

(1) 展開図を組み立てると，真上から見ると円，真正面から見ると二等辺三角形の円錐になる。よって，投影図はア

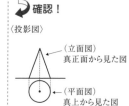

　　　　　　　　　　　　　ア　　**解答**

(2) おうぎ形の弧の長さは，

底面の円周の長さと一致するので，

(円周の長さ)＝(直径)×(円周率 π) より，

$2 \times 1 \times \pi = 2\pi$ (cm)

　　　　　　　2π cm　　**解答**

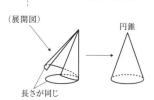

＞確認！

〈投影図〉

(立面図)
真正面から見た図

(平面図)
真上から見た図

(展開図)

円錐

長さが同じ

B 解き方と解答

問題 171ページ

1 次の立体の体積は何 cm³ ですか。単位をつけて答えなさい。(1) は直方体です。この問題は，計算の途中の式と答えを書きなさい。(2) は円錐です。円周率は π として答えなさい。

(1)

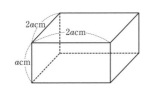

(2)

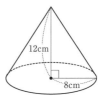

【解き方】

(1) **(直方体の体積)＝(縦)×(横)×(高さ)** より，
　　　　　　　　　　 ‖　　　 ‖　　　 ‖
　　　　　　　　　2 a cm　2 a cm　a cm

求める体積は，
$2a × 2a × a = 4a^3 \ (\text{cm}^3)$

$a×a×a× = a^{③}$

↓

a が3つ

途中の式 : ⌐_⌐ 参考

答：$4a^3\text{cm}^3$ **解答**

長さが文字で表されていても，公式にあてはめれば大丈夫ですね。

(2) **(円錐の体積)＝(底面積)×(高さ)×$\dfrac{1}{3}$** を利用する。
　　　　　　　　　　 ‖　　　　 ‖
　　　　　　 半径 8 cm の円の面積　12cm

(円の面積)＝(半径)² ×(円周率 π) より，

底面積は，$8^2 × π = 64π \ (\text{cm}^2)$

求める体積は，$64π × 12 × \dfrac{1}{3} = 256π \ (\text{cm}^3)$

$256π \, \text{cm}^3$ **解答**

2 内側の長さが縦30cm，横50cm，深さ40cmの直方体の形をした水槽があります。このとき，次の問いに単位をつけて答えなさい。

(1) この水槽に入る水の体積は何cm³ですか。

(2) この水槽に毎分7Lの割合で水を入れました。水を入れはじめてから6分後の水の深さは何cmですか。この問題は，途中の式と答えを書きなさい。

【解き方】

(1) 水槽に入る水の体積は，縦30cm，横50cm，高さ40cmの直方体の体積と一致するから，

(直方体の体積)＝(縦)×(横)×(高さ) より，

$30 \times 50 \times 40 = 60000$（cm³）

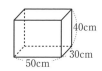

60000cm³ 解答

(2)
> 6分後の水の量は，$6 \times 7 = 42$（L）
> この水槽に入る水の体積は60000cm³であるから，
> 60000cm³$＝60$L より
> $40 \times \dfrac{42}{60} = 28$（cm）

途中の式：｜_____｜ 参考

答：28cm 解答

↪確認！
1L$＝1000$cm³

解法の ツボ

6分後の水の深さは，
(容器の深さ)$\times \dfrac{42}{60}$
で求める。

3 右の図は，1辺の長さが12cmの立方体 ABCD−EFGHを3点B，D，Eを通る平面 で切って，頂点Aを含むほうを取り除いた 立体です。この立体について，次の問いに 答えなさい。

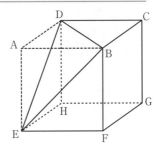

(1) 面DBCと平行な面を答えなさい。

(2) 辺CDとねじれの位置にある辺はいくつありますか。

(3) この立体の体積は何cm³ですか。単位をつけて答えなさい。この 問題は，計算の途中の式と答えを書きなさい。

【解き方】

(1) 面DBCと平行な面は， 面EFGH

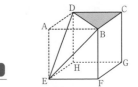

　　　　　　面EFGH　　**解答**

(2) 辺CDとねじれの位置にある辺は， 辺BE，辺EH，辺FG，辺BFの4つ

　　　　4つ　　**解答**

解法の**ツボ**

ねじれの位置にある辺
⇩
交わる辺と
平行な辺を除いて，
残った辺

(3) 立方体ABCD−EFGHから三角錐E−ABDをひくと求まる。 立方体ABCD−EFGHの体積は，（1辺）×（1辺）×（1辺）より， $12 \times 12 \times 12 = 1728 \ (\text{cm}^3)$

三角錐E−ABDの体積は，（底面積）×（高さ）×$\dfrac{1}{3}$より，

$12 \times 12 \div 2 \times 12 \times \dfrac{1}{3} = 288 \ (\text{cm}^3)$

よって，求める体積は，$1728 - 288 = 1440 \ (\text{cm}^3)$

途中の式：　参考　　答：1440cm³　**解答**

8 データの活用

ここが 出題される
階級に応じて度数を整理した度数分布表やヒストグラムから，データを読み取って活用しましょう。累積度数，相対度数，累積相対度数について，理解を深めましょう。

POINT　　データの活用

▶度数分布表
・度数…階級（データを整理する区間）ごとのデータの数
・度数分布表…階級に応じて度数を整理した表
・階級値…それぞれの階級の真ん中の値
・度数分布表から読み取る最頻値
　…度数がもっとも多い階級の階級値
・範囲…最大値から最小値をひいた値

> データの最頻値と，度数分布表から読み取る最頻値の違いを理解しよう。

▶相対度数
・各階級の度数の全体に対する割合
　相対度数＝（階級の度数）÷（度数の合計）

▶累積度数・累積相対度数
・累積度数…最初の階級からその階級までの度数の合計
・累積相対度数…最初の階級からその階級までの相対度数の合計
　累積度数から求めると，累積相対度数＝（累積度数）÷（度数の合計）

 例題

　右の表は，クラス25人のペンケースに入っている文具の数を調べて，度数分布表にまとめたものです。次の問いに答えなさい。

文具の数(個)	度数(人)
0以上～ 4未満	2
4 ～ 8	10
8 ～12	7
12 ～16	5
16 ～20	1
合計	25

(1)　階級の幅を答えなさい。

(2)　16個以上20個未満の階級の相対度数を求めなさい。

(3)　4個以上8個未満の階級までの累積度数と累積相対度数を求めなさい。

(4)　最頻値を求めなさい。

(5)　中央値を含む階級を求めなさい。

解答・解説

(1) データを4個ごとに区切って階級としているので，階級の幅は4個である。

4個 答

(2) 度数が1だから，求める相対度数は，
$$1 \div 25 = 0.04$$

0.04 答

(3) 最初の階級から4個以上8個未満の階級までの度数の合計が累積度数だから，求める累積度数は，
$$2 + 10 = 12（人）$$

12人 答

この階級までの累積度数が12人だから，求める累積相対度数は，
$$12 \div 25 = 0.48$$

0.48 答

(4) もっとも度数が多い階級は，4個以上8個未満の階級の10人だから，求める最頻値は，
$$(4 + 8) \div 2 = 6（個）$$

6個 答

度数分布表から読み取った最頻値は，その階級の階級値で答えましょう。

(5) 25人のデータだから，中央の13番目のデータの値が中央値である。4個以上8個未満の階級までの累積度数が12で，8個以上12個未満の階級までの累積度数が19だから，中央値を含む階級は8個以上12個未満である。

8個以上12個未満 答

度数分布表からは中央値の具体的なデータはわからないよ。累積度数を利用して中央値を含む階級を調べてみよう。

解き方と解答 182〜184ページ

1 　右の表は1組の生徒25人と2組の生徒20人の通学時間を調査した結果を度数分布表に表したものです。次の問いに答えなさい。

通学時間

階級（分）	1組 度数（人）	2組 度数（人）
0^{以上}〜 5^{未満}	3	0
5 〜10	6	6
10 〜15	9	3
15 〜20	6	7
20 〜25	1	3
25 〜30	0	1
合計	25	20

(1) 　2組の10分以上15分未満の階級までの累積度数を求めなさい。

(2) 　1組の10分以上15分未満の階級の相対度数を求めなさい。

(3) 　1組と2組を比べるとき，この度数分布表から読み取れることとして正しいものを，下の①〜④からすべて選びなさい。

① 　最頻値は1組のほうが大きい。

② 　中央値を含む階級は同じである。

③ 　最小値は2組のほうが大きい。

④ 　5分以上10分未満の階級の相対度数は2組のほうが大きい。

2 　右の表は1組の生徒25人と2組の生徒24人の握力の記録を度数分布表に表したものです。次の問いに答えなさい。

握力の記録

階級（kg）	1組 度数（人）	2組 度数（人）
5^{以上}〜13^{未満}	2	3
13 〜21	3	2
21 〜29	6	4
29 〜37	4	8
37 〜45	7	5
45 〜53	2	2
53 〜61	1	0
合計	25	24

(1) 　2組の最頻値を求めなさい。

(2) 　1組の37kg以上45kg未満の階級までの累積相対度数を求めなさい。

(3) 　1組と2組を比べるとき，この度数分布表から読み取れることとして正しいものを，下の①〜④からすべて選びなさい。

① 　中央値を含む階級は同じである。

② 　29kg以上37kg未満の階級の相対度数は，2組が1組の2倍である。

③ 　階級の幅は1組のほうが大きい。

④ 　1組と2組の累積度数が等しい階級が3つある。

B チャレンジ問題

得点

全**6**問

解き方と解答 185〜187ページ

1 右の表は1組の生徒25人と2組の生徒20人の反復横とびの記録を調査した結果を度数分布表に表したものです。次の問いに答えなさい。

反復横とびの記録

階級（点）	1組 度数（人）	2組 度数（人）
35以上〜40未満	1	0
40 〜45	4	3
45 〜50	6	8
50 〜55	7	5
55 〜60	5	4
60 〜65	2	0
合計	25	20

(1) 1組の45点以上50点未満の階級までの累積度数を求めなさい。

(2) 2組の最頻値を求めなさい。

(3) 1組と2組を比べるとき，この度数分布表から読み取れることとして正しいものを，下の①〜④からすべて選びなさい。

① 55点以上60点未満の階級の相対度数は等しい。

② 中央値を含む階級は同じである。

③ 範囲は1組のほうが大きい。

④ 50点以上55点未満の階級までの累積相対度数は1組のほうが大きい。

2 右の表は1組の生徒24人と2組の生徒22人の小テストの結果を度数分布表に表したものです。次の問いに答えなさい。

小テストの結果

階級（点）	1組 度数（人）	2組 度数（人）
30以上〜 40未満	2	1
40 〜 50	1	1
50 〜 60	5	3
60 〜 70	3	7
70 〜 80	6	4
80 〜 90	4	3
90 〜100	3	3
合計	24	22

(1) 2組の50点以上60点未満の階級までの累積度数を求めなさい。

(2) 1組の70点以上80点未満の階級の相対度数を求めなさい。

(3) 1組と2組を比べるとき，この度数分布表から読み取れることとして正しいものを，下の①〜④からすべて選びなさい。

① 最頻値は1組のほうが大きい。

② 中央値を含む階級は2組のほうが大きい。

③ 最小値は1組のほうが大きい。

④ 70点以上80点未満の階級までの累積相対度数は2組のほうが大きい。

1 右の表は1組の生徒25人と2組の生徒20人の通学時間を調査した結果を度数分布表に表したものです。次の問いに答えなさい。

通学時間

階級(分)	1組 度数(人)	2組 度数(人)
0以上～ 5未満	3	0
5 ～10	6	6
10 ～15	9	3
15 ～20	6	7
20 ～25	1	3
25 ～30	0	1
合計	25	20

(1) 2組の10分以上15分未満の階級までの累積度数を求めなさい。

(2) 1組の10分以上15分未満の階級の相対度数を求めなさい。

(3) 1組と2組を比べるとき，この度数分布表から読み取れることとして正しいものを，下の①～④からすべて選びなさい。

① 最頻値は1組のほうが大きい。

② 中央値を含む階級は同じである。

③ 最小値は2組のほうが大きい。

④ 5分以上10分未満の階級の相対度数は2組のほうが大きい。

【解き方】

(1) 2組の最初の階級から10分以上15分未満の階級までの度数の合計は，
0＋6＋3＝9(人)

9人 解答

(2) 1組の10分以上15分未満の階級の度数は9だから，求める相対度数は，
9÷25＝0.36

0.36 解答

(3)① 1組の最頻値は，度数が9の10分以上15分未満の階級の階級値だから，
(10＋15)÷2＝ 12.5(分)

2組の最頻値は，度数が7の15分以上20分未満の階級の階級値だから，
(15＋20)÷2＝ 17.5(分)　　　　　　　　　　よって，正しくない。

② 1組の5分以上10分未満の階級までの累積度数は9で，10分以上15分未満の階級までの累積度数は18だから，中央値である13番目のデータは，10分以上15分未満の階級に含まれる。

　2組の10分以上15分未満の階級までの累積度数は9で，15分以上20分未満の階級までの累積度数は16だから，中央値である10番目と11番目のデータの平均は，15分以上20分未満の階級に含まれる。よって，正しくない。

> 中央値を含む階級は累積度数で調べられますね。

③ 1組の最小値を含む階級は0分以上5分未満である。

　2組の最小値を含む階級は5分以上10分未満である。

　よって，正しい。

④ 1組の5分以上10分未満の階級の相対度数は，$6 \div 25 = 0.24$

　2組の5分以上10分未満の階級の相対度数は，$6 \div 20 = 0.30$

　よって，正しい。

③，④　**解答**

---

2 右の表は1組の生徒25人と2組の生徒24人の握力の記録を度数分布表に表したものです。次の問いに答えなさい。

握力の記録

階級(kg)	1組 度数(人)	2組 度数(人)
5以上～13未満	2	3
13　～21	3	2
21　～29	6	4
29　～37	4	8
37　～45	7	5
45　～53	2	2
53　～61	1	0
合計	25	24

(1) 2組の最頻値を求めなさい。

(2) 1組の37kg以上45kg未満の階級までの累積相対度数を求めなさい。

(3) 1組と2組を比べるとき，この度数分布表から読み取れることとして正しいものを，下の①～④からすべて選びなさい。
　① 中央値を含む階級は同じである。
　② 29kg以上37kg未満の階級の相対度数は，2組が1組の2倍である。
　③ 階級の幅は1組のほうが大きい。
　④ 1組と2組の累積度数が等しい階級が3つある。

【解き方】

(1)　2組の最頻値は,度数が8の29kg以上37kg未満の階級の階級値だから,
$$(29+37) \div 2 = 33(\text{kg})$$

33kg　解答

(2)　1組の37kg以上45kg未満の階級までの累積度数は, $2+3+6+4+7=$
22(人)だから, $22 \div 25 = 0.88$

0.88　解答

(3)①　1組の21kg以上29kg未満の階級までの累積度数は11で, 29kg以上
37kg未満の階級までの累積度数は15だから, 中央値である13番目の
データは, 29kg以上37kg未満の階級に含まれる。

2組の21kg以上29kg未満の階級までの累積度数は9で, 29kg以上
37kg未満の階級までの累積度数は17だから, 中央値である12番目と
13番目のデータの平均は, 29kg以上37kg未満の階級に含まれる。よっ
て, 正しい。

②　1組の29kg以上37kg未満の階級の相対度数は, $4 \div 25 = 0.16$

2組の29kg以上37kg未満の階級の相対度数は, $8 \div 24 = 0.333\cdots$
よって, 正しくない。

③　階級の幅は, どちらも8kgで等しい。
よって, 正しくない。

④　1組の累積度数は, 上の階級から順に2人, 5人, 11人, 15人, 22人,
24人, 25人である。

2組の累積度数は, 上の階級から順に3人, 5人, 9人, 17人, 22人,
24人, 24人である。
よって, 正しい。

①, ④　解答

184

解き方と解答

問題 181ページ

1 右の表は1組の生徒25人と2組の生徒20人の反復横とびの記録を調査した結果を度数分布表に表したものです。次の問いに答えなさい。

反復横とびの記録

階級（点）	1組	2組
	度数（人）	度数（人）
35以上～40未満	1	0
40 ～45	4	3
45 ～50	6	8
50 ～55	7	5
55 ～60	5	4
60 ～65	2	0
合計	25	20

(1) 1組の45点以上50点未満の階級までの累積度数を求めなさい。

(2) 2組の最頻値を求めなさい。

(3) 1組と2組を比べるとき，この度数分布表から読み取れることとして正しいものを，下の①～④からすべて選びなさい。

　① 55点以上60点未満の階級の相対度数は等しい。

　② 中央値を含む階級は同じである。

　③ 範囲は1組のほうが大きい。

　④ 50点以上55点未満の階級までの累積相対度数は1組のほうが大きい。

【解き方】

(1) 1組の最初の階級から45点以上50点未満の階級までの度数の合計は，

$1 + 4 + 6 = 11$（人）

11人 解答

(2) 2組の最頻値は，度数が8の45点以上50点未満の階級の階級値だから，

$(45 + 50) \div 2 = 47.5$（点）

最頻値は階級値で答えましょう。

47.5点 解答

(3)① 1組の55点以上60点未満の階級の相対度数は，$5 \div 25 = 0.2$

　　　2組の55点以上60点未満の階級の相対度数は，$4 \div 20 = 0.2$

よって，正しい。

② 1組の45点以上50点未満の階級までの累積度数は11で，50点以上55点未満の階級までの累積度数は18だから，中央値である13番目のデータは，50点以上55点未満の階級に含まれる。

2組の40点以上45点未満の階級までの累積度数は3で，45点以上50点未満の階級までの累積度数は11だから，中央値である10番目と11番目のデータの平均は，45点以上50点未満の階級に含まれる。よって，正しくない。

③ 1組の範囲が最小のときは，最大値が60点で最小値が39点のときの，$60-39=21$（点）である。

2組の範囲が最大のときは，最大値が59点で最小値が40点のときの，$59-40=19$（点）である。

したがって，必ず1組のほうが2組より大きい。よって，正しい。

④ 1組の50点以上55点未満の階級までの累積度数は，$1+4+6+7=18$（点）だから，累積相対度数は，$18\div25=0.72$

2組の50点以上55点未満の階級までの累積度数は，$0+3+8+5=16$（点）だから，累積相対度数は，$16\div20=0.8$　よって，正しくない。

①，③ 解答

---

2 右の表は1組の生徒24人と2組の生徒22人の小テストの結果を度数分布表に表したものです。次の問いに答えなさい。

(1) 2組の50点以上60点未満の階級までの累積度数を求めなさい。

(2) 1組の70点以上80点未満の階級の相対度数を求めなさい。

小テストの結果

階級(点)	1組 度数(人)	2組 度数(人)
30以上〜40未満	2	1
40 〜 50	1	1
50 〜 60	5	3
60 〜 70	3	7
70 〜 80	6	4
80 〜 90	4	3
90 〜100	3	3
合計	24	22

(3) 1組と2組を比べるとき，この度数分布表から読み取れることとして正しいものを，下の①〜④からすべて選びなさい。

① 最頻値は1組のほうが大きい。

② 中央値を含む階級は2組のほうが大きい。

③ 最小値は1組のほうが大きい。

④ 70点以上80点未満の階級までの累積相対度数は2組のほうが大きい。

【解き方】

(1) 2組の最初の階級から50点以上60点未満の階級までの度数の合計は，

1＋1＋3＝5（人）

5人 **解答**

(2) 1組の70点以上80点未満の階級の度数は6だから，求める相対度数は，

6÷24＝0.25

0.25 **解答**

(3)① 1組の最頻値は，度数が6の70点以上80点未満の階級の階級値だから，

(70＋80)÷2＝75（点）

2組の最頻値は，度数が7の60点以上70点未満の階級の階級値だから，

(60＋70)÷2＝65（点）　よって，正しい。

② 1組の60点以上70点未満の階級までの累積度数は11で，70点以上80点未満の階級までの累積度数は17だから，中央値である12番目と13番目のデータの平均は，70点以上80点未満の階級に含まれる。

2組の50点以上60点未満の階級までの累積度数は5で，60点以上70点未満の階級までの累積度数は12だから，中央値である11番目と12番目のデータの平均は，60点以上70点未満の階級に含まれる。よって，正しくない。

> 累積度数を利用して中央値を含む階級を調べてみよう。

③ この度数分布表からは，1組，2組とも，最小値が30点以上40点未満であることしかわからない。よって，正しくない。

> データの大きさと度数の大きさを区別しよう。

④ 1組の70点以上80点未満の階級までの累積度数は，2＋1＋5＋3＋6＝17（人）だから，累積相対度数は，17÷24＝0.7083…

2組の70点以上80点未満の階級までの累積度数は，1＋1＋3＋7＋4＝16（人）だから，累積相対度数は，16÷22＝0.7272…　よって，正しい。

①，④ **解答**

第 3 章

予想模擬検定

この章の内容

1次検定，2次検定用にそれぞれ2回ずつ，予想問題を用意しました。これまで学習してきたことを確認し，万全の態勢で本番を迎えましょう。

第1回　予想模擬検定問題(1次)…………………………… 191
第1回　予想模擬検定問題(2次)…………………………… 195
第2回　予想模擬検定問題(1次)…………………………… 199
第2回　予想模擬検定問題(2次)…………………………… 203

実用数学技能検定

第1回　予想模擬検定

1次：計算技能検定
問　題

検定上の注意

1. 検定時間は**50分**です。
2. **電卓**・ものさし・コンパスを使用することはできません。
3. 答えが分数になるとき，約分してもっとも簡単な分数にしてください。

合格ライン	得点
21 /30	/30

1次：計算技能検定

1 次の計算をしなさい。

(1) 0.42×3.5

(2) $11.04 \div 6.9$

(3) $\dfrac{2}{5} + \dfrac{1}{3}$

(4) $\dfrac{6}{7} - \dfrac{3}{4}$

(5) $3\dfrac{1}{7} \times \dfrac{3}{11}$

(6) $3\dfrac{3}{5} \div 1\dfrac{4}{5}$

(7) $\dfrac{2}{7} \times \dfrac{4}{9} \div \dfrac{8}{21}$

(8) $35 \div \left(1\dfrac{1}{2} - \dfrac{2}{3}\right)$

(9) $8 - 11 - (-6)$

(10) $-5^2 \times (-2)$

(11) $3(4x+1) - 5(3x-2)$

(12) $0.4(2x-7) + 0.3(8x+5)$

2 次の（　）の中の数の最大公約数を求めなさい。

(13)　(18，42)　　　　　　　　(14)　(24，36，84)

3 次の（　）の中の数の最小公倍数を求めなさい。

(15)　(48，80)　　　　　　　　(16)　(30，36，54)

4 次の比をもっとも簡単な整数の比にしなさい。

(17)　36：48　　　　　　　　(18)　$\dfrac{3}{5} : \dfrac{2}{9}$

5 次の式の□にあてはまる数を求めなさい。

(19)　7：4＝□：16　　　　　(20)　0.9：2.1＝3：□

6 次の方程式を解きなさい。

(21)　$7x - 2 = 4x + 13$　　　　(22)　$\dfrac{x-7}{3} = \dfrac{2x-9}{5}$

7 次の問いに答えなさい。

(23) 下の回数は，ひろとさんの上体起こしの記録です。平均は何回ですか。

33回，28回，29回，32回，31回

(24) 六角柱の辺の数を答えなさい。

(25) 右の図の四角形ACEGは線対称な図形です。対称の軸となる直線をA〜Hの記号を用いて答えなさい。

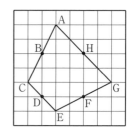

(26) 下のデータについて，中央値を求めなさい。

2，3，4，4，7，8，8，9

(27) $x = -4$のとき，$3x - 3$の値を求めなさい。

(28) yはxに比例し，$x = -2$のとき$y = -8$です。yをxを用いて表しなさい。

(29) yはxに反比例し，$x = -9$のとき$y = 2$です。$x = 6$のときのyの値を求めなさい。

(30) 右の図の直角三角形ABCにおいて，2つの辺が垂直であることを，頂点を表す記号と，記号⊥を用いて表しなさい。

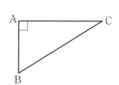

実用数学技能検定

第1回　予想模擬検定

2次：数理技能検定
問　題

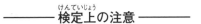

―――― 検定上の注意 ――――

1．検定時間は60分です。
2．電卓を使用することができます。
3．答えが分数になるとき，約分してもっとも簡単な分数にしてください。

合格ライン	得点
12 ⁄20	⁄20

2次：数理技能検定

1 けんじさんの学校の生徒の人数は300人です。このうち，男子生徒が180人です。次の問いに答えなさい。

(1) 男子生徒は学校全体の人数の何％ですか。

(2) 男子生徒の15％が野球部に所属しています。野球部に所属している男子生徒は何人ですか。

2 次の図形の面積はそれぞれ何cm²ですか。単位をつけて答えなさい。(4)は斜線部分の面積を求めなさい。

(3) 台形

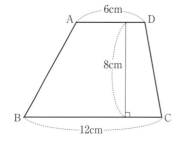

(4) 平行四辺形

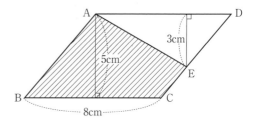

3 あきらさんは家から図書館まで2.4kmの道のりを40分かけて歩きました。次の問いに答えなさい。ただし，あきらさんの歩く速さは変わらないものとします。

(5) あきらさんの歩く速さは分速何mですか。

(6) 図書館から駅まで3kmあります。あきらさんが図書館から駅まで同じ速さで歩いて行くとき，何分かかりますか。

4 　24mのリボンがあります。このリボンを x 人で分けるとき，1人分の長さを y mとします。次の問いに答えなさい。

(7)　x と y の関係を式に表しなさい。

(8)　$x = 8$ のとき，y の値を求めなさい。

5 　ひろきさんは自宅から4500m離れた図書館に向かって，午前10時に分速70mの速さで，歩いて自宅を出発しました。お姉さんは図書館で用事をすませ，ひろきさんが歩く道を自宅に向かって，午前10時6分に分速170mの速さで，自転車で図書館を出発しました。2人は道の途中で午前10時 x 分に出会いました。次の問いに答えなさい。

(9)　お姉さんがひろきさんと出会うまでに，自転車に乗っていた時間を，x を用いて表しなさい。

(10)　x を求める方程式をつくりなさい。

(11)　方程式を解いて，お姉さんが自転車で進んだ道のりを求めなさい。この問題は，計算の途中の式と答えを書きなさい。

6 　右の図は，直線 ℓ を対称の軸とする線対称な図形です。次の問いに答えなさい。

(12)　点Cに対応する点はどれですか。

(13)　辺FGに対応する辺はどれですか。

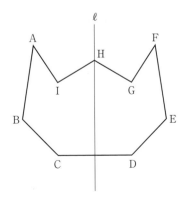

7　ある職場で通勤時間を調べ，右の度数分布表にまとめました。次の問いに答えなさい。

通勤時間

階級（分）	度数（人）
以上　　　未満 0　～15	3
15　～30	9
30　～45	6
45　～60	15
60　～75	13
75　～90	4
合計	50

(14)　中央値を含む階級を答えなさい。

(15)　15分以上30分未満の階級の相対度数を求めなさい。

8　右の図はある立体の展開図です。この展開図を組み立ててできる立体について，次の問いに答えなさい。ただし，円周率はπとします。

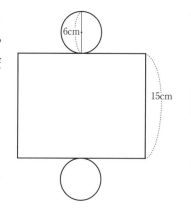

(16)　できる立体の名前を答えなさい。

(17)　この立体の表面積は何cm²ですか。この問題は，計算の途中の式と答えを書きなさい。

(18)　この立体の体積は何cm³ですか。

9　下のようにあるきまりにしたがって左から数が並んでいます。このとき，次の問いに答えなさい。

　1，6，3，4，5，7，2，1，6，3，4，5，7，2，1，6，3，4，…

(19)　45番目の数は何ですか。

(20)　すべての奇数を−1倍して，1番目から116番目までの数の和を求めなさい。

実用数学技能検定

第2回　予想模擬検定

1次：計算技能検定
問　題

──────── 検定上の注意 ────────

1．検定時間は**50分**です。
2．**電卓**・ものさし・コンパスを使用することはできません。
3．答えが分数になるとき，約分してもっとも簡単な分数にしてください。

合格ライン	得点
21⁄30	⁄30

1次：計算技能検定

1 次の計算をしなさい。

(1) 0.72×4.2

(2) $6.51 \div 9.3$

(3) $\dfrac{3}{4} + \dfrac{1}{6}$

(4) $\dfrac{5}{9} - \dfrac{3}{8}$

(5) $9\dfrac{1}{3} \times \dfrac{4}{7}$

(6) $5\dfrac{5}{6} \div 2\dfrac{1}{3}$

(7) $\dfrac{5}{12} \times \dfrac{3}{4} \div \dfrac{5}{16}$

(8) $68 \div \left(2\dfrac{3}{5} - \dfrac{1}{3}\right)$

(9) $4 - (-2) + (-7)$

(10) $(-3)^2 \times (-2)^3$

(11) $4(3x+7) + 3(2x-5)$

(12) $0.6(3x-5) - 0.7(2x-3)$

2 次の（　）の中の数の最大公約数を求めなさい。

(13)　(30, 54)　　　　　　　　(14)　(16, 24, 40)

3 次の（　）の中の数の最小公倍数を求めなさい。

(15)　(63, 84)　　　　　　　　(16)　(16, 20, 24)

4 次の比をもっとも簡単な整数の比にしなさい。

(17)　20 : 45　　　　　　　　(18)　$\dfrac{3}{4} : \dfrac{5}{8}$

5 次の式の□にあてはまる数を求めなさい。

(19)　5 : 11 = 25 : □　　　　(20)　3.2 : 1.2 = □ : 3

6 次の方程式を解きなさい。

(21)　$8x + 17 = 14x - 25$　　　(22)　$\dfrac{3x-1}{4} = \dfrac{5x-4}{9}$

7

次の問いに答えなさい。

(23) 下の時間は，よしみさんの50m走の記録です。平均は何秒ですか。
8.5秒，8.4秒，8.4秒，8.8秒，8.9秒

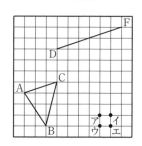

(24) 八角柱の面の数を答えなさい。

(25) 右の図で，△DEFが△ABCの2倍の拡大図になるように，点Eの位置を決めます。点Eとなる点はどれですか。ア〜エの中から1つ選びなさい。

(26) 下のデータについて，最頻値を求めなさい。
3, 4, 4, 5, 6, 6, 6, 8, 8

(27) $x=5$のとき，$2x+8$の値を求めなさい。

(28) yはxに比例し，$x=5$のとき$y=-40$です。yをxの式で表しなさい。

(29) yはxに反比例し，$x=-6$のとき$y=-7$です。$x=3$のときのyの値を求めなさい。

(30) 右の図の△DECは，△ABCを点Cを中心として時計の針の回転と同じ向きに回転移動させたものです。回転の角度を360°未満で答えなさい。

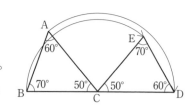

202

実用数学技能検定

第2回　予想模擬検定

2次：数理技能検定
問　題

───── 検定上の注意 ─────

1．検定時間は**60分**です。
2．**電卓**を使用することができます。
3．答えが分数になるとき，約分してもっとも簡単な分数にしてください。

合格ライン	得点
12／20	／20

2次：数理技能検定

1 箱の中に10円硬貨(こうか)がたくさん入っています。箱から10円硬貨を30枚取り出してその重さを量(はか)ると，その重さは135gでした。次の問いに答えなさい。

(1) 10円硬貨1枚あたりの重さは何gですか。単位をつけて答えなさい。

(2) 適当に取り出した10円硬貨の重さは387gでした。このとき，10円硬貨は何枚ありますか。

2 次の立体の体積はそれぞれ何cm³ですか。単位をつけて答えなさい。

(3) 立方体

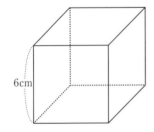

(4) 直方体を組み合わせた立体

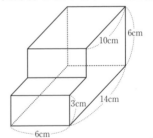

3 さちこさんが7月から11月までの5か月の間に読んだ本の冊数(さっすう)を記録しました。下の表は，各月の本の冊数をまとめたものです。

	7月	8月	9月	10月	11月
本の冊数(冊)	14	15	8	9	15

次の問いに答えなさい。

(5) さちこさんは7月から11月までの5か月の間，1か月に平均何冊の本を読みましたか。

(6) 12月も読んだ本の冊数を調べて，7月から12月までの平均を求めると12.5冊でした。12月に読んだ本の冊数は何冊ですか。

4 ある職場で従業員の50m走の記録を調べ，右の度数分布表にまとめました。次の問いに答えなさい。

(7) 最頻値は何秒ですか。

(8) 7.0秒以上7.5秒未満の階級までの累積度数は何人ですか。

50m走の記録

階級（秒）	度数（人）
以上　　　未満	
6.0 ～ 6.5	5
6.5 ～ 7.0	8
7.0 ～ 7.5	6
7.5 ～ 8.0	3
8.0 ～ 8.5	2
合計	24

5 みはるさんはコーヒーと牛乳を5：3の割合で混ぜてコーヒー牛乳を作ることにしました。次の問いに単位をつけて答えなさい。

(9) コーヒー100mLを全部使ってコーヒー牛乳を作るとき，必要な牛乳は何mLですか。

(10) コーヒー牛乳を200mL作るとき，必要なコーヒーは何mLですか。

6 右の図のような三角柱ABCDEFがあります。この立体について，次の問いに答えなさい。

(11) 辺ABとねじれの位置にある辺をすべて答えなさい。

(12) 面ABEDに垂直な面はいくつありますか。

(13) この立体の表面積は何cm²ですか。単位をつけて答えなさい。この問題は，計算の途中の式と答えを書きなさい。

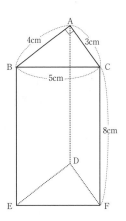

7 冷蔵庫の中に，$\frac{6}{5}$Lのオレンジジュースと，アップルジュースと，$\frac{5}{2}$Lのグレープジュースが入っています。次の問いに答えなさい。

(14) アップルジュースの量は，オレンジジュースの量の$\frac{7}{4}$倍です。アップルジュースは何Lありますか。

(15) グレープジュースの量はオレンジジュースの量の何倍ですか。

8 右の図で，①は比例のグラフ，②は反比例のグラフです。点Pは①のグラフと②のグラフの交点で，点Qは②のグラフ上の点です。Pの座標は（−3，6），Qのx座標は6です。このとき，次の問いに答えなさい。

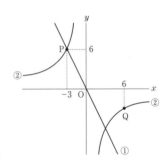

(16) ①の式を，yとxを用いて表しなさい。

(17) ②の式を，yとxを用いて表しなさい。この問題は，計算の途中の式と答えを書きなさい。

(18) 点Qのy座標を求めなさい。

9 「＋1」，「−1」，「＋2」，「−2」の4枚の数字のカードと，「−」，「×」の2枚の計算の記号のカードがあります。下の□と△に数字，○に記号をあてはめて，計算式をつくります。

〈例〉□に「＋1」，○に「−」，△に「−1」をあてはめると，

（＋1）−（−1）のような式ができます。

次の問いに答えなさい。

(19) 式は全部で何通りできますか。

(20) つくった式を計算したとき，答えが負の数になるのは何通りですか。

第 4 章

過去問題

この章の内容

近年実施された実用数学技能検定で実際に出題された問題を収録しています。本番を意識して，時間配分に注意しながら解いてみましょう。

過去問題(1次)·· 209
過去問題(2次)·· 213

実用数学技能検定

過去問題

1次：計算技能検定
問　題

—— 検定上の注意 ——

1. 検定時間は**50分**です。
2. **電卓・ものさし・コンパス**を使用することはできません。
3. 答えが分数になるとき，約分してもっとも簡単な分数にしてください。

合格ライン	・得点
21 /30	/30

1次：計算技能検定

1 次の計算をしなさい。

(1) 3.26×4.2

(2) $7.98 \div 3.8$

(3) $\dfrac{5}{8} + \dfrac{1}{5}$

(4) $\dfrac{13}{15} - \dfrac{2}{3}$

(5) $\dfrac{8}{9} \times 2\dfrac{1}{10}$

(6) $\dfrac{8}{15} \div \dfrac{16}{25}$

(7) $\dfrac{2}{63} \times 4\dfrac{9}{10} \div \dfrac{7}{15}$

(8) $48 \times \left(\dfrac{7}{8} - \dfrac{5}{6} \right)$

(9) $15 - (-4) + (-6)$

(10) $6^2 \div (-3)^2$

(11) $5(4x - 6) + 9(3x - 2)$

(12) $\dfrac{2}{3}(3x - 9) - \dfrac{3}{5}(20x - 5)$

2 次の（　）の中の数の最大公約数を求めなさい。

(13) $(18, \ 27)$

(14) $(24, \ 48, \ 54)$

3 次の（　）の中の数の最小公倍数を求めなさい。

(15) $(15, \ 20)$

(16) $(27, \ 36, \ 72)$

4 次の比をもっとも簡単な整数の比にしなさい。

(17) $40 : 72$

(18) $\dfrac{4}{7} : \dfrac{2}{9}$

5 次の式の□にあてはまる数を求めなさい。

(19) $3 : 4 = \square : 24$

(20) $1.5 : 2.4 = 25 : \square$

6 次の方程式を解きなさい。

(21) $9x + 8 = 5x - 12$

(22) $0.3x + 0.4 = 0.1x + 1$

7 次の問いに答えなさい。

(23) 下の重さは，あやこさんが調べた5個のいちごの重さです。平均は何gですか。

34g, 28g, 33g, 34g, 31g

(24) 五角柱の辺の数を答えなさい。

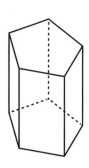

(25) 右の図は，直線 AB を対称の軸とする
線対称な図形の一部です。この図形が線
対称な図形になるように，もう1つの頂
点の位置を決めます。頂点となる点はど
れですか。ア～エの中から1つ選びなさ
い。

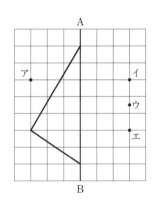

(26) 下のデータについて，最頻値を求めなさい。

2, 4, 4, 6, 7, 7, 7, 8

(27) $x = -6$ のとき，$5x + 13$ の値を求めなさい。

(28) y は x に比例し，$x = 9$ のとき $y = -54$ です。y を x を用いて表しなさい。

(29) y は x に反比例し，$x = -2$ のとき $y = 9$ です。$x = 6$ のときの y の値を求めなさい。

(30) 右の図で，△ DEF は
△ ABC を矢印の方向に
平行移動したものです。
このときの移動の距離は
何 cm ですか。

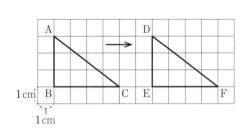

実用数学技能検定

過去問題

２次：数理技能検定

問　題

合格ライン	得点
12 /20	/20

2次：数理技能検定

1 縦56cm，横154cmの長方形の紙があります。この紙を，あまりが出ないように同じ大きさの正方形に切り分けます。できるだけ大きい正方形に切り分けるとき，次の問いに答えなさい。

(1) 正方形の1辺の長さは何cmになりますか。単位をつけて答えなさい。

(2) 正方形の紙は何枚できますか。

2 右の図は，円の中心Oの周りを8等分して，正八角形ABCDEFGHをかいたものです。次の問いに単位をつけて答えなさい。　　（測定技能）

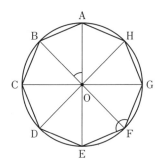

(3) ∠AOBの大きさは何度ですか。

(4) ∠EFGの大きさは何度ですか。

3 ある文房具店では，30日間でノートが450冊売れました。次の問いに答えなさい。

(5) 1日に売れたノートの冊数の平均は何冊ですか。

(6) 毎日，(5)で求めた冊数が売れるとすると，360冊のノートが売れるのに何日かかりますか。

4 こうたさんは，家から近所にある4つの施設まで歩いたときの所要時間を調べ，右の表にまとめました。次の問いに答えなさい。

家からの所要時間

施設	所要時間
中学校	$\frac{4}{9}$ 時間
公民館	
図書館	
水族館	$\frac{1}{4}$ 時間

(7) 家から公民館までの所要時間は，家から中学校までの所要時間の $\frac{3}{8}$ 倍です。家から公民館までの所要時間は何時間ですか。単位をつけて答えなさい。

(8) 家から図書館までの所要時間は，家から中学校までの所要時間の $1\frac{1}{6}$ 倍です。家から図書館までの所要時間は何時間ですか。単位をつけて答えなさい。

(9) 家から水族館までの所要時間は，家から中学校までの所要時間の何倍ですか。

5 　20cm のひもを2本に分けます。長さの比が3：2になるように切り，長いほうのひもをA，短いほうのひもをBとします。次の問いに答えなさい。

(10)　Aのひもの長さは何 cm ですか。単位をつけて答えなさい。

(11)　Aのひもを2本に分けます。長さの比が3：2になるように切り，長いほうのひもをC，短いほうのひもをDとします。3本のひもB，C，Dの中で，もっとも長いひもともっとも短いひもの長さの比を，もっとも簡単な整数の比で表しなさい。

6 　下の図は，大きさも形も同じコップを重ねたものです。4個重ねたときの全体の高さは 19cm，5個重ねたときの全体の高さは 22cm でした。このようにコップを重ねていき，全体の高さを測ります。重ねたコップの個数を x 個とするとき，次の問いに答えなさい。ただし，傾けずに重ねるものとします。

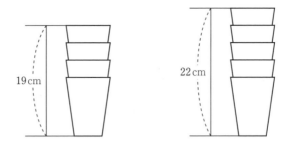

(12)　全体の高さは何 cm ですか。x を用いて表しなさい。（表現技能）

(13)　全体の高さが 34cm のとき，重ねたコップは何個ですか。x を用いた方程式をつくり，それを解いて求めなさい。この問題は，計算の途中の式と答えを書きなさい。

7 右の図のように，関数 $y = -3x$ のグラフと関数 $y = \dfrac{a}{x}$ のグラフが，点Aで交わっています。点Aの x 座標が -4 のとき，次の問いに答えなさい。

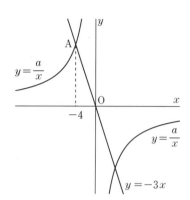

(14) 点Aの座標を求めなさい。

(15) a の値を求めなさい。

8 図1のような，1辺が $4\,\mathrm{cm}$ の立方体ABCDEFGHについて，次の問いに答えなさい。

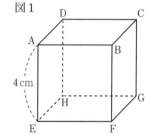

図1

(16) 辺ABとねじれの位置にある辺はどれですか。すべて答えなさい。

(17) 図2のように，図1の立方体の面ABCDの対角線の交点をOとします。5点O，E，F，G，Hを頂点とする正四角錐OEFGHの体積は何 cm^3 ですか。単位をつけて答えなさい。この問題は，計算の途中の式と答えを書きなさい。 （測定技能）

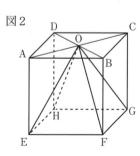

図2

(18) 図3のような，4点A，B，C，F
を頂点とする三角錐ABCFの体積は
何 cm³ ですか。単位をつけて答えな
さい。　　　　　　　　（測定技能）

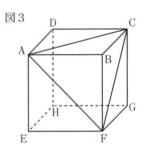

図3

9 　図1は，1辺が1cm の正方形①と②を，辺が重なるようにかい
た長方形です。

　まず，①と②を合わせた長方形の長いほうの辺を1辺とする正方
形を図2のようにかき，その正方形を③とします。

　次に，①，②，③を合わせた長方形の長いほうの辺を1辺とする
正方形を図3のようにかき，その正方形を④とします。

　このように，正方形を合わせてできる長方形の長いほうの辺を1
辺とする正方形をかく操作を繰り返し，それらの正方形を⑤，⑥，⑦，
…とします。ただし，長方形の長いほうの辺が横の辺であるときは
正方形を下に，縦の辺であるときは右にかくものとします。次の問
いに答えなさい。　　　　　　　　　　　　　　　（整理技能）

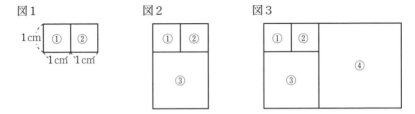

図1　　　　　　　図2　　　　　　　図3

(19) 正方形⑦の1辺の長さは何 cm ですか。

(20) 正方形⑨の1辺は 34cm，正方形⑩の1辺は 55cm です。正方形
⑪の1辺の長さは何 cm ですか。

• • Memo • •

● 法改正・正誤等の情報につきましては，下記「ユーキャンの本」ウェブサイト内「追補（法改正・正誤）」をご覧ください。
https://www.u-can.co.jp/book/information

● 本書の内容についてお気づきの点は
・「ユーキャンの本」ウェブサイト内「よくあるご質問」をご参照ください。
https://www.u-can.co.jp/book/faq
・郵送・FAXでのお問い合わせをご希望の方は，書名・発行年月日・お客様のお名前・ご住所・FAX番号をお書き添えの上，下記までご連絡ください。

【郵送】〒169-8682 東京都新宿北郵便局 郵便私書箱第2005号
ユーキャン学び出版 数学検定資格書籍編集部
【FAX】03-3378-2232

◎より詳しい解説や解答方法についてのお問い合わせ，他社の書籍の記載内容等に関しては回答いたしかねます。

● お電話でのお問い合わせ・質問指導は行っておりません。

ユーキャンの数学検定5級 ステップアップ問題集 第3版

2013年1月25日　初　版　第1刷発行	編　者　ユーキャン数学検定試験研究会
2017年6月30日　第2版　第1刷発行	発行者　品川泰一
2023年5月2日　第3版　第1刷発行	発行所　株式会社 ユーキャン 学び出版

発行所　株式会社 ユーキャン 学び出版
〒151-0053
東京都渋谷区代々木1-11-1
Tel 03-3378-2226

編集協力　株式会社 エディット

発売元　株式会社 自由国民社
〒171-0033
東京都豊島区高田3-10-11
Tel 03-6233-0781（営業部）

印刷・製本　カワセ印刷株式会社

ユーキャンの数学検定　5級
『ステップアップ問題集』

予想模擬
過去問題

解答・解説

第1回予想模擬(1次) ………………………………………… 3

第1回予想模擬(2次) ………………………………………… 14

第2回予想模擬(1次) ………………………………………… 22

第2回予想模擬(2次) ………………………………………… 32

過去問題(1次) ……………………………………………… 40

過去問題(2次) ……………………………………………… 49

☞は関連する内容への参照ページを示しています。
復習の際に利用しましょう。
（総合的な問題では省略しています）

1次：計算技能検定 〉解答と解説

1

(1) 〈小数の計算〉 ☞ 本冊P18 POINT1

```
  0.4 2  ← 小数点以下 2 けた
×   3.5  ← 小数点以下 1 けた
─────────
  2 1 0
1 2 6
─────────
1.4 7 0  ← 小数点以下 2 + 1 = 3 けた
```

よって，$0.42 \times 3.5 = \underline{1.47}$

(2) 〈小数の計算〉 ☞ 本冊P19 POINT2

┌── 答えの小数点は，移したあとのわられる数の小数点にそろえる。

```
          1.6
6.9 ) 1 1.0 4  ← わる数とわられる数の小数点を右に1つずつ移す。
        6 9    ← 69×1
      ───────
        4 1 4
        4 1 4  ← 69×6
      ───────
            0
```

よって，$11.04 \div 6.9 = \underline{1.6}$

(3) 〈**分数の計算**〉 ☞ 本冊P28 POINT 1

$$\frac{2}{5} + \frac{1}{3}$$

分母が15の分数に通分する。
|
5と3の最小公倍数

$$= \frac{2 \times 3}{5 \times 3} + \frac{1 \times 5}{3 \times 5}$$

$$= \frac{6}{15} + \frac{5}{15}$$

分子どうしをたす。

$$= \underline{\frac{11}{15}}$$

(4) 〈**分数の計算**〉 ☞ 本冊P28 POINT 1

$$\frac{6}{7} - \frac{3}{4}$$

分母が28の分数に通分する。
|
7と4の最小公倍数

$$= \frac{6 \times 4}{7 \times 4} - \frac{3 \times 7}{4 \times 7}$$

$$= \frac{24}{28} - \frac{21}{28}$$

分子どうしをひく。

$$= \underline{\frac{3}{28}}$$

(5) 〈**分数の計算**〉 ☞ 本冊P29 POINT2

$$3\frac{1}{7} \times \frac{3}{11}$$

$$= \frac{22}{7} \times \frac{3}{11}$$ 帯分数を仮分数にする。 $3\frac{1}{7} = \frac{7 \times 3 + 1}{7} = \frac{22}{7}$

$$= \frac{\overset{2}{22} \times 3}{7 \times \underset{1}{11}}$$ 途中で約分する。

$$= \frac{6}{7}$$

(6) 〈**分数の計算**〉 ☞ 本冊P30 POINT3

$$3\frac{3}{5} \div 1\frac{4}{5}$$

$$= \frac{18}{5} \div \frac{9}{5}$$ 帯分数を仮分数にする。 $\begin{cases} 3\frac{3}{5} = \frac{5 \times 3 + 3}{5} = \frac{18}{5} \\ 1\frac{4}{5} = \frac{5 \times 1 + 4}{5} = \frac{9}{5} \end{cases}$

$$= \frac{18}{5} \times \frac{5}{9}$$ 逆数のかけ算にする。

$$= \frac{\overset{2}{18} \times \overset{1}{5}}{\underset{1}{5} \times \underset{1}{9}}$$ 途中で約分する。

$$= \frac{2}{1}$$

$$= \underline{2}$$

(7) 〈**分数の計算**〉 ☞ 本冊P31 POINT4

$$\frac{2}{7} \times \frac{4}{9} \div \frac{8}{21}$$

$$= \frac{2}{7} \times \frac{4}{9} \times \frac{21}{8}$$ 逆数のかけ算にする。

$$= \frac{\overset{1}{2} \times \overset{1}{4} \times \overset{1}{21}^{\overset{1}{}}}{\underset{1}{7} \times \underset{3}{9} \times \underset{1}{8}}$$ 途中で約分する。

$$= \frac{1}{3}$$

(8) 〈**分数の計算**〉 ☞ 本冊P31 POINT4

$$35 \div \left(1\frac{1}{2} - \frac{2}{3}\right)$$

帯分数を仮分数にする。$1\frac{1}{2} = \frac{2\times 1 + 1}{2} = \frac{3}{2}$

$$35 \div \left(\frac{3}{2} - \frac{2}{3}\right)$$

かっこの中を先に計算する。
分母が6の分数に通分する。$\begin{cases} \frac{3\times 3}{2\times 3} = \frac{9}{6} \\ \frac{2\times 2}{3\times 2} = \frac{4}{6} \end{cases}$

$$35 \div \left(\frac{9}{6} - \frac{4}{6}\right)$$

$$= 35 \div \frac{5}{6}$$

逆数のかけ算にする。

$$= 35 \times \frac{6}{5}$$

$$= \frac{35}{1} \times \frac{6}{5}$$

$$= \frac{{}^7\cancel{35} \times 6}{1 \times \cancel{5}_1}$$

途中で約分する。

$$= \frac{42}{1}$$

$$= \underline{42}$$

(9) 〈**正負の数の計算**〉 ☞ 本冊P40 POINT1

$$8 - 11 - (-6)$$

かっこをはずす。$A - (-B) = A + B$

$$= 8 - 11 + 6$$

正の数どうしを計算する。

$$= 14 - 11$$

$$= \underline{3}$$

(10) 〈**正負の数の計算**〉 ☞ 本冊P41 Point2

$-5^2 \times (-2)$

 指数の計算をする。

$= -5 \times 5 \times (-2)$

$= -25 \times (-2)$

$= \underline{50}$

(11) 〈**式の値と文字式の計算**〉 ☞ 本冊P49 Point2

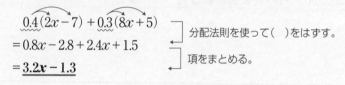

$3(4x+1) - 5(3x-2)$

$= 12x + 3 - 15x + 10$ 分配法則を使って（　）をはずす。

$= \underline{\boldsymbol{-3x + 13}}$ 項をまとめる。

(12) 〈**式の値と文字式の計算**〉 ☞ 本冊P49 Point2

$0.4(2x-7) + 0.3(8x+5)$

$= 0.8x - 2.8 + 2.4x + 1.5$ 分配法則を使って（　）をはずす。

$= \underline{\boldsymbol{3.2x - 1.3}}$ 項をまとめる。

2

(13) 〈**最大公約数と最小公倍数**〉 ☞ 本冊P56 POINT1

$\begin{cases} 18の約数→1, 2, 3, 6, 9, 18 \\ 42の約数→1, 2, 3, 6, 7, 14, 21, 42 \end{cases}$

18と42の公約数→1, 2, 3, 6

よって，18と42の最大公約数は**6**

(14) 〈**最大公約数と最小公倍数**〉 ☞ 本冊P56 POINT1

$\begin{cases} 24の約数→1, 2, 3, 4, 6, 8, 12, 24 \\ 36の約数→1, 2, 3, 4, 6, 9, 12, 18, 36 \\ 84の約数→1, 2, 3, 4, 6, 7, 12, 14, 21, 28, 42, 84 \end{cases}$

24，36，84の公約数→1, 2, 3, 4, 6, 12

よって，24，36，84の最大公約数は**12**

3

(15) 〈**最大公約数と最小公倍数**〉 ☞ 本冊P57 POINT2

$\begin{cases} 48の倍数→48, 96, 144, 192, 240, \cdots \\ 80の倍数→80, 160, 240, \cdots \end{cases}$

よって，48と80の最小公倍数は**240**

別解

$\begin{array}{r} 8\,)\,4\ 8\quad 8\ 0 \\ \hline 2\,)\quad 6\quad 1\ 0 \\ \hline 3\quad\ 5 \end{array}$ ← 48と80の公約数の8でわる。

← 6と10の公約数の2でわる。

よって，48と80の最小公倍数は 8 × 2 × 3 × 5 = **240**

(16) 〈最大公約数と最小公倍数〉 ☞ 本冊P57 POINT2

30の倍数→30，60，90，120，150，180，210，240，270，300，330，
　　　　　　　360，390，420，450，480，510，540，…

36の倍数→36，72，108，144，180，216，252，288，324，360，396，
　　　　　　　　　432，468，504，540，…

54の倍数→54，108，162，216，270，324，378，432，486，540，…

よって，30，36，54の最小公倍数は**540**

別解

6 ） ３０ ３６ ５４ ← 30と36と54の公約数の6でわる。

3 ）　 ５ 　６ 　９ ← 6と9の公約数の3でわる。

　　　　 ５ 　２ 　３ ← われない5は下におろす。

よって，30，36，54の最小公倍数は$6 \times 3 \times 5 \times 2 \times 3 = \underline{\textbf{540}}$

4

(17) 〈比〉 ☞ 本冊P62 POINT1

$36 : 48$

$= (36 \div 12) : (48 \div 12)$ ← 36と48の最大公約数の12でわる。

$= \underline{\textbf{3 : 4}}$

(18) 〈比〉 ☞ 本冊P62 POINT1

$\dfrac{3}{5} : \dfrac{2}{9}$

$= \left(\dfrac{3}{5} \times \overset{9}{\cancel{45}} \right) : \left(\dfrac{2}{9} \times \overset{5}{\cancel{45}} \right)$ ← 5と9の最小公倍数の45をかける。　約分する。

$= \underline{\textbf{27 : 10}}$

5

(19) 〈比〉 ☞ 本冊P63 POINT2

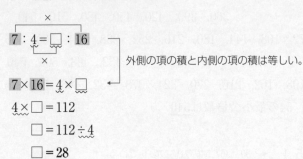

$$7 \times 16 = 4 \times \square$$

$$4 \times \square = 112$$

$$\square = 112 \div 4$$

$$\underline{\square = 28}$$

外側の項の積と内側の項の積は等しい。

(20) 〈比〉 ☞ 本冊P63 POINT2

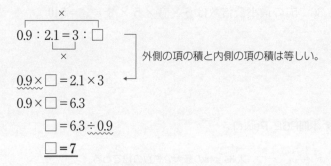

$$0.9 \times \square = 2.1 \times 3$$

$$0.9 \times \square = 6.3$$

$$\square = 6.3 \div 0.9$$

$$\underline{\square = 7}$$

外側の項の積と内側の項の積は等しい。

6

(21) 〈方程式〉 ☞ 本冊P72 POINT1

$$7x - 2 = 4x + 13$$

$$7x - 4x = 13 + 2$$

$$3x = 15$$

$$\underline{\boldsymbol{x = 5}}$$

xの項は左辺へ，数の項は右辺へ移項する。

$ax=b$の形にする。

両辺をxの係数3でわる。

(22) 〈**方程式**〉 ☞ 本冊P73 POINT2

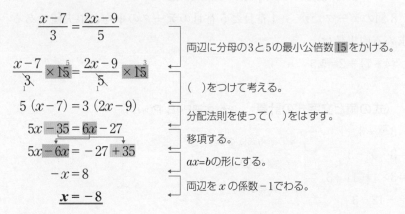

$$\frac{x-7}{3} = \frac{2x-9}{5}$$

両辺に分母の3と5の最小公倍数 **15** をかける。

$$\frac{x-7}{\underset{1}{3}} \times \overset{5}{\cancel{15}} = \frac{2x-9}{\underset{1}{5}} \times \overset{3}{\cancel{15}}$$

（　）をつけて考える。

$$5(x-7) = 3(2x-9)$$

分配法則を使って（　）をはずす。

$$5x - 35 = 6x - 27$$

移項する。

$$5x - 6x = -27 + 35$$

$ax=b$ の形にする。

$$-x = 8$$

両辺を x の係数 -1 でわる。

$$\underline{\boldsymbol{x = -8}}$$

7

(23) 〈**平均，単位量あたりの大きさ，速さ**〉 ☞ 本冊P124 POINT

5回分の平均だから，

$$(33 + 28 + 29 + 32 + 31) \div 5$$

$$= 153 \div 5$$

$$= \underline{30.6(回)}$$

(24) 〈**空間図形**〉

上の底面に6，下の底面に6，底面に垂直に6あるから，辺の数は全部で **18**。

(25) 〈**図形の移動**〉 ☞ 本冊P96 POINT

四角形 ACEG は辺 AG と辺 CE が平行で，点 A と点 G，点 C と点 E がそれぞれ対応する線対称の台形だから，対称の軸となる直線は **DH**。

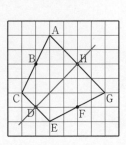

(26) 〈**データの考察**〉　☞ 本冊P109 Point2

　　8個のデータだから,4番目と5番目のデータの平均が中央値である。
　　求める中央値は,

　　　(4＋7)÷2＝**5.5**

(27) 〈**式の値と文字式の計算**〉　☞ 本冊P48 Point1

　　　$3\boxed{x}-3$

　　　$=3\times\boxed{x}-3$　　　×のある式にする。

　　　$=3\times(\boxed{-4})-3$　　　$x=-4$を代入する。

　　　$=-12-3$　　　かけ算をする。

　　　$=\underline{-15}$

(28) 〈**比例と反比例**〉　☞ 本冊P84 Point1

　　y は x に比例するので, **$y=ax$**（aは比例定数）とおく。

　　$x=-2$のとき$y=-8$より, $\boxed{y}=a\boxed{x}$に$x=\boxed{-2}$, $y=\boxed{-8}$を代入して,

　　　$\boxed{-8}=a\times(\boxed{-2})$

　　　$-8=-2a$

　　$-2a=-8$

　　　$a=4$

　　したがって, $\underline{\boldsymbol{y=4x}}$

(29) 〈比例と反比例〉 ☞ 本冊P85 POINT2

y は x に反比例するので,$y = \dfrac{a}{x}$ (aは比例定数)とおく。

$x = -9$のとき$y = 2$より,$y = \dfrac{a}{x}$ に $x = -9$,$y = 2$を代入して,

$2 = \dfrac{a}{-9}$

$a = -18$

したがって,$y = -\dfrac{18}{x}$

よって,$x = 6$のとき,$y = -\dfrac{18}{x}$に$x = 6$を代入して,

$y = -\dfrac{18}{6}$

$\underline{\boldsymbol{y = -3}}$

(30) 〈図形の記号〉 ☞ 本冊P92 POINT

辺 AB と辺 AC が垂直であることを,記号⊥
を用いて表す。

$\underline{\text{AB} \perp \text{AC}}$

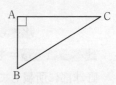

1 〈**割合，比**〉 ☞ 本冊P114 POINT

(1) 「男子生徒は　学校全体の人数の　何％か」

を百分率で求める問題だから，まず，

「男子生徒は　学校全体の人数の　何倍か」考える。

180人	300人	?倍
比べられる量	もとにする量	割合

割合＝比べられる量÷もとにする量　　より，

割合は，

$$180 \div 300 = 0.6$$

よって，百分率で表すと，$0.6 \times 100 = \underline{\textbf{60}}$（％）

(2) 百分率は小数に直して計算するので15％→0.15

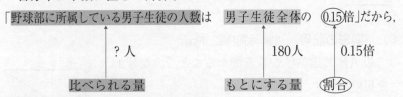

「野球部に所属している男子生徒の人数は　男子生徒全体の 0.15倍」だから，

?人	180人	0.15倍
比べられる量	もとにする量	割合

比べられる量＝もとにする量×割合　　より，

野球部に所属している男子生徒の人数は，

$$180 \times 0.15 = \underline{\textbf{27}}（人）$$

2 〈平面図形〉 ☞ 本冊P152 POINT

(3)　台形の面積を求める公式は，

{(上底)＋(下底)}×(高さ)÷2　より，
　↑　　　　　↑　　　　　↑
　6cm　　　12cm　　　8cm

求める面積は，

(6＋12)×8÷2＝**72 (cm²)**

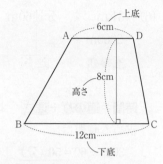

(4)　平行四辺形ABCD　から　三角形ADE　を除く。

平行四辺形の面積を求める公式は，

底辺×高さ　より，

平行四辺形ABCDの面積は，

8×5＝40 (cm²)

三角形の面積を求める公式は，

底辺×高さ÷2　より，

三角形ADEの面積は，

8×3÷2＝12 (cm²)

よって，斜線部分の面積は，

40－12＝**28 (cm²)**

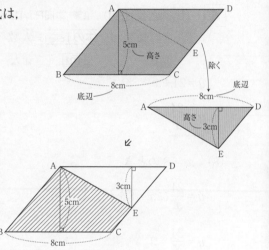

3 〈平均，単位量あたりの大きさ，速さ〉 ☞ 本冊P124 POINT

(5)　2.4km　を　40分　で進む　**速さ(分速? m)**を求めるので，
　＝
　2400m
　道のり　　　時間

速さ＝**道のり**÷**時間**　より，

求める速さは，

2400÷40＝60より，**分速60m**

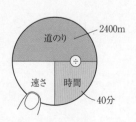

(6) 3km を 分速60m で進む **時間(分)** を求めるので,
 =
 3000m
 道のり　　　　　　　速さ

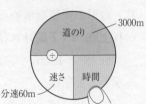

　時間＝道のり÷速さ より,

　求める時間は,

　　$3000 \div 60 = \underline{\textbf{50}}$ (分)

4 〈比例と反比例〉 ☞ 本冊P142 POINT

(7) 1人分の長さ＝全体の長さ÷人数 より,
 ym　　　　　　24m　　　x人

　$y = 24 \div x$

　$\boldsymbol{y = \dfrac{24}{x}}$

(8) $x = 8$ のとき,

　$y = \dfrac{24}{x}$ に $x = 8$ を代入して,

　$y = \dfrac{24^{\,3}}{8_{\,1}} = 3$

　よって, $\boldsymbol{y = 3}$

⑤ 〈方程式〉 ☞ 本冊P134 Point

(9)　お姉さんが自転車に乗っていた時間は，午前10時6分から10時x分
　　までの間だから，__$(x-6)$分__。

(10)　ひろきさんが分速70mでx分歩いた道のりと，お姉さんが分速
　　170mで$(x-6)$分自転車で進んだ道のりの合計が4500mだから，
　　　__$70x + 170(x-6) = 4500$__

(11)　　　$70x + 170(x-6) = 4500$
　　　　　$70x + 170x - 1020 = 4500$
　　　　　　　$70x + 170x = 4500 + 1020$
　　　　　　　　　　$240x = 5520$
　　　　　　　　　　　$x = 23$（分）
　　お姉さんが分速170mで進んだ道のりは，
　　　$170 \times (23-6) = 170 \times 17$
　　　　　　　　　　$= \underline{2890(\text{m})}$

6 〈平面図形〉 ☞ 本冊P152 POINT

(12) 線対称な図形の対応する点は，
直線 ℓ を折り目として折ったとき
に重なる点だから，
　　　点Cに対応する点は，**点D**

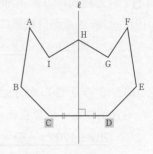

(13) 点Fに対応する点→点A
　　点Gに対応する点→点I
　　　よって，辺FGに対応する辺は，
辺AI

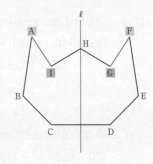

7 〈データの活用〉 ☞ 本冊P178 POINT

(14) 30分以上45分未満の階級までの累積度数は18で，45分以上60分未
満の階級までの累積度数は33だから，中央値である25番目と26番目の
データの値の平均は，**45分以上60分未満の階級**に含まれる。

(15) 15分以上30分未満の階級の相対度数は，$9 \div 50 = \underline{0.18}$

(16) 展開図を組み立てると，下の図のように，円柱になる。

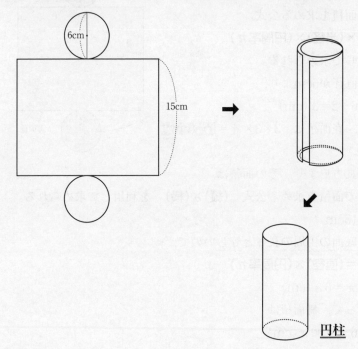

<u>円柱</u>

(17)　（円柱の表面積）＝（底面積）×2＋（側面積）

円柱の底面は円より，その面積は，

　　円の面積を求める公式

（半径）×（半径）×（円周率 π）

を利用して求められる。

　　円の直径が6cmより，

半径は$6 \div 2 = 3$（cm）

よって，底面積は，$3 \times 3 \times \pi = 9\pi$（cm^2）

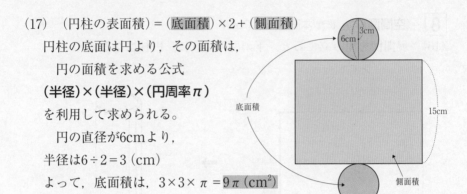

側面は長方形より，その面積は，

長方形の面積を求める公式　**（縦）×（横）**　を利用して求められる。

縦は，15cm

横は，底面の円周の長さと等しいので，

（円周）＝（直径）×（円周率 π）　より，

　　$6 \times \pi = 6\pi$（cm）

したがって，側面積は，

　　$15 \times 6\pi = 90\pi$（cm^2）

これより，求める表面積は，

　　$9\pi \times 2 + 90\pi = 18\pi + 90\pi$

　　　　　　　　　　$= \underline{108\pi}$（cm^2）

(18)　**（円柱の体積）＝（底面積）×（高さ）**

円柱の底面積は，（19）より，9π（cm^2）

高さは15cmより，

求める円柱の体積は，

　　$9\pi \times 15 = \underline{135\pi}$（cm^3）

9 〈規則性〉

(19) 1, 6, 3, 4, 5, 7, 2,／1, 6, 3, 4, 5, 7, 2,／1, 6, 3, 4, … は,
1, 6, 3, 4, 5, 7, 2 の7つの数を繰り返している。

45番目の数を考えるので,

45÷7＝6 あまり 3

あまりの3個

$$\underbrace{\overbrace{(1, 6, 3, 4, 5, 7, 2)}, \overbrace{(1, 6, 3, 4, 5, 7, 2)}, \cdots, \overbrace{(1, 6, 3, 4, 5, 7, 2)}}_{(1, 6, 3, 4, 5, 7, 2) が6グループで42個の数が並んでいる。}$$

1,	6,	3
↑	↑	↑
43番目	44番目	45番目

1番目から45番目までの数は, **1, 6, 3, 4, 5, 7, 2 を
6回繰り返し, あまりの3個分「1, 6, 3」と並んでいる**から,

45番目の数は <u>3</u>

(20) 116÷7＝16 あまり 4 より, 1番目から116番目までの数は,
1, 6, 3, 4, 5, 7, 2を16回繰り返し, 1, 6, 3, 4が並んでいる。

奇数に－, 偶数に＋をつけて, 和を考えると,

$(-1)+6+(-3)+4+(-5)+(-7)+2=-4$ より,

1番目から $7×16＝112$ (番目)までの数の和は,

$(-4)×16＝-64$

113番目から116番目までの数の和は,

$(-1)+6+(-3)+4=6$

よって, 1番目から116番目までの数の和は, $(-64)+6＝\underline{-58}$

1

(1) **〈小数の計算〉** ☞ 本冊P18 POINT1

$$
\begin{array}{r}
0.7\,2 \leftarrow \text{小数点以下 } \boxed{2} \text{ けた} \\
\times\quad 4.2 \leftarrow \text{小数点以下 } \boxed{1} \text{ けた} \\
\hline
1\,4\,4 \\
2\,8\,8\quad\ \\
\hline
3.0\,2\,4 \leftarrow \text{小数点以下 } \boxed{2} + \boxed{1} = \boxed{3} \text{ けた}
\end{array}
$$

よって，$0.72 \times 4.2 = \underline{\textbf{3.024}}$

(2) **〈小数の計算〉** ☞ 本冊P19 POINT2

$$
\begin{array}{r}
0.7 \\
9.3\,\overline{)\,6.5\,1} \leftarrow \text{わる数とわられる数の小数点を右に1つずつ移す。} \\
6\,5\,1 \leftarrow 93 \times 7 \\
\hline
0
\end{array}
$$

よって，$6.51 \div 9.3 = \underline{\textbf{0.7}}$

(3) **〈分数の計算〉** ☞ 本冊P28 POINT1

$$
\frac{3}{4} + \frac{1}{6}
$$

分母が12の分数に通分する。
4と6の最小公倍数

$$
= \frac{3 \times 3}{4 \times 3} + \frac{1 \times 2}{6 \times 2}
$$

$$
= \frac{9}{12} + \frac{2}{12}
$$

分子どうしをたす。

$$
= \underline{\frac{11}{12}}
$$

(4) 〈分数の計算〉 ☞ 本冊P28 POINT1

$$\frac{5}{9} - \frac{3}{8}$$

分母が72の分数に通分する。
9と8の最小公倍数

$$= \frac{5 \times 8}{9 \times 8} - \frac{3 \times 9}{8 \times 9}$$

$$= \frac{40}{72} - \frac{27}{72}$$

分子どうしをひく。

$$= \frac{13}{72}$$

(5) 〈分数の計算〉 ☞ 本冊P29 POINT2

$$9\frac{1}{3} \times \frac{4}{7}$$

帯分数を仮分数にする。 $9\frac{1}{3} = \frac{3 \times 9 + 1}{3} = \frac{28}{3}$

$$= \frac{28}{3} \times \frac{4}{7}$$

$$= \frac{\overset{4}{28} \times 4}{3 \times \underset{1}{7}}$$

途中で約分する。

$$= \frac{16}{3}$$

(6) 〈分数の計算〉 ☞ 本冊P30 POINT3

$$5\frac{5}{6} \div 2\frac{1}{3}$$

帯分数を仮分数にする。 $\begin{cases} 5\frac{5}{6} = \frac{6 \times 5 + 5}{6} = \frac{35}{6} \\ 2\frac{1}{3} = \frac{3 \times 2 + 1}{3} = \frac{7}{3} \end{cases}$

$$= \frac{35}{6} \div \frac{7}{3}$$

逆数のかけ算にする。

$$= \frac{35}{6} \times \frac{3}{7}$$

$$= \frac{\overset{5}{35} \times \overset{1}{3}}{\underset{2}{6} \times \underset{1}{7}}$$

途中で約分する。

$$= \frac{5}{2}$$

(7) 〈**分数の計算**〉 ☞ 本冊P31 Point4

$$\frac{5}{12} \times \frac{3}{4} \div \boxed{\frac{5}{16}}$$

逆数のかけ算にする。

$$= \frac{5}{12} \times \frac{3}{4} \times \boxed{\frac{16}{5}}$$

$$= \frac{\overset{1}{\cancel{5}} \times \overset{1}{\cancel{3}} \times \overset{1}{\cancel{16}}}{\underset{1}{\cancel{12}} \times \underset{1}{\cancel{4}} \times \underset{1}{\cancel{5}}}$$

途中で約分する。

$$= \frac{1}{1}$$

$$= \underline{1}$$

(8) 〈**分数の計算**〉 ☞ 本冊P31 Point4

$$68 \div \left(2\frac{3}{5} - \frac{1}{3} \right)$$

帯分数を仮分数にする。$2\frac{3}{5} = \frac{5 \times 2 + 3}{5} = \frac{13}{5}$

$$= 68 \div \left(\frac{13}{5} - \frac{1}{3} \right)$$

かっこの中を先に計算する。
分母が15の分数に通分する。
$$\begin{cases} \frac{13 \times 3}{5 \times 3} = \frac{39}{15} \\ \frac{1 \times 5}{3 \times 5} = \frac{5}{15} \end{cases}$$

$$= 68 \div \left(\frac{39}{15} - \frac{5}{15} \right)$$

$$= 68 \div \boxed{\frac{34}{15}}$$

逆数のかけ算にする。

$$= 68 \times \boxed{\frac{15}{34}}$$

$$= \frac{\overset{2}{\cancel{68}} \times 15}{1 \times \underset{1}{\cancel{34}}}$$

途中で約分する。

$$= \frac{30}{1}$$

$$= \underline{30}$$

(9)　〈正負の数の計算〉　☞ 本冊P40 POINT1

$4 - (-2) + (-7)$　　かっこをはずす。$A-(-B)=A+B$　$A+(-B)=A-B$

$= 4 + 2 - 7$　　正の数どうしを計算する。

$= 6 - 7$

$= \underline{-1}$

(10)　〈正負の数の計算〉　☞ 本冊P41 POINT2

$(-3)^2 \times (-2)^3$　　指数の計算をする。

$= (-3) \times (-3) \times (-2) \times (-2) \times (-2)$

$= 9 \times (-8)$

$= \underline{-72}$

(11)　〈式の値と文字式の計算〉　☞ 本冊P49 POINT2

$4(3x + 7) + 3(2x - 5)$　　分配法則を使って（　）をはずす。

$= 12x + 28 + 6x - 15$　　項をまとめる。

$= \underline{18x + 13}$

(12)　〈式の値と文字式の計算〉　☞ 本冊P49 POINT2

$0.6(3x - 5) - 0.7(2x - 3)$　　分配法則を使って（　）をはずす。

$= 1.8x - 3 - 1.4x + 2.1$　　項をまとめる。

$= \underline{0.4x - 0.9}$

2

(13) 〈最大公約数と最小公倍数〉 ☞ 本冊P56 POINT1

$\begin{cases} 30の約数 → \boxed{1}, \boxed{2}, \boxed{3}, 5, \boxed{6}, 10, 15, 30 \\ 54の約数 → \boxed{1}, \boxed{2}, \boxed{3}, \boxed{6}, 9, 18, 27, 54 \end{cases}$

30と54の公約数 → $\boxed{1}$, $\boxed{2}$, $\boxed{3}$, $\boxed{6}$

よって，30と54の最大公約数は **6**

(14) 〈最大公約数と最小公倍数〉 ☞ 本冊P56 POINT1

$\begin{cases} 16の約数 → \boxed{1}, \boxed{2}, \boxed{4}, \boxed{8}, 16 \\ 24の約数 → \boxed{1}, \boxed{2}, 3, \boxed{4}, 6, \boxed{8}, 12, 24 \\ 40の約数 → \boxed{1}, \boxed{2}, \boxed{4}, 5, \boxed{8}, 10, 20, 40 \end{cases}$

16，24，40の公約数 → $\boxed{1}$, $\boxed{2}$, $\boxed{4}$, $\boxed{8}$

よって，16，24，40の最大公約数は **8**

3

(15) 〈最大公約数と最小公倍数〉 ☞ 本冊P57 POINT2

$\begin{cases} 63の倍数 → 63, 126, 189, \boxed{252}, \cdots \\ 84の倍数 → 84, 168, \boxed{252}, \cdots \end{cases}$

よって，63と84の最小公倍数は **252**

別解

$\boxed{3}$ ） 6 3 8 4   ← 63と84の公約数の3でわる。

$\boxed{7}$ ） 2 1 2 8   ← 21と28の公約数の7でわる。

　　　$\boxed{3}$　$\boxed{4}$

よって，63と84の最小公倍数は $\boxed{3} \times \boxed{7} \times \boxed{3} \times \boxed{4} = \underline{\textbf{252}}$

(16) 〈**最大公約数と最小公倍数**〉　☞ 本冊P57 POINT2

$\left\{\begin{array}{l} 16の倍数 \rightarrow 16,\ 32,\ 48,\ 64,\ 80,\ 96,\ 112,\ 128,\ 144,\ 160,\ 176, \\ \qquad\qquad\qquad\qquad\qquad\qquad 192,\ 208,\ 224,\ \boxed{240},\ \cdots \\ 20の倍数 \rightarrow 20,\ 40,\ 60,\ 80,\ 100,\ 120,\ 140,\ 160,\ 180,\ 200,\ 220, \\ \qquad\qquad\qquad\qquad\qquad\qquad\qquad\qquad\qquad\quad \boxed{240},\ \cdots \\ 24の倍数 \rightarrow 24,\ 48,\ 72,\ 96,\ 120,\ 144,\ 168,\ 192,\ 216,\ \boxed{240},\ \cdots \end{array}\right.$

　よって，16，20，24の最小公倍数は<u>**240**</u>

別解

$\begin{array}{r} 4\ )\overline{\,1\,6\quad 2\,0\quad 2\,4\,} \\ 2\ )\overline{\quad 4\quad\ \ 5\quad\ \ 6\,} \\ \overline{\quad\ \ 2\quad\ \ 5\quad\ \ 3\,} \end{array}$　　← 16と20と24の公約数の4でわる。
　　　　　　　　　　　　　← 4と6の公約数の2でわる。
　　　　　　　　　　　　　← われない5は下におろす。

　よって，16，20，24の最小公倍数は $\boxed{4} \times \boxed{2} \times \boxed{2} \times 5 \times \boxed{3} = \underline{\textbf{240}}$

4

(17) 〈**比**〉　☞ 本冊P62 POINT1

$\begin{aligned} &\quad 20:45 \\ &= (20 \div 5):(45 \div 5) \\ &= \underline{\mathbf{4:9}} \end{aligned}$　　20と45の最大公約数の $\boxed{5}$ でわる。

(18) 〈**比**〉　☞ 本冊P62 POINT1

$\begin{aligned} &\quad \frac{3}{4}:\frac{5}{8} \\ &= \left(\frac{3}{\overset{}{\underset{1}{4}}} \times \overset{2}{8}\right):\left(\frac{5}{\overset{}{\underset{1}{8}}} \times \overset{1}{8}\right) \\ &= \underline{\mathbf{6:5}} \end{aligned}$

4と8の最小公倍数の $\boxed{8}$ をかける。

約分する。

27

5

(19) 〈比〉 ☞ 本冊P63 POINT2

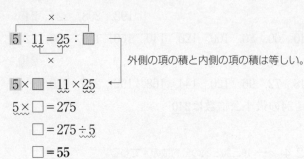

$$5 : 11 = 25 : \square$$

外側の項の積と内側の項の積は等しい。

$$5 \times \square = 11 \times 25$$
$$5 \times \square = 275$$
$$\square = 275 \div 5$$
$$\underline{\square = 55}$$

(20) 〈比〉 ☞ 本冊P63 POINT2

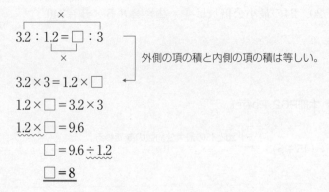

$$3.2 : 1.2 = \square : 3$$

外側の項の積と内側の項の積は等しい。

$$3.2 \times 3 = 1.2 \times \square$$
$$1.2 \times \square = 3.2 \times 3$$
$$1.2 \times \square = 9.6$$
$$\square = 9.6 \div 1.2$$
$$\underline{\square = 8}$$

6

(21) 〈方程式〉 ☞ 本冊P72 POINT1

$$8x + 17 = 14x - 25$$

xの項は左辺へ，数の項は右辺へ移項する。

$$8x - 14x = -25 - 17$$

$ax=b$の形にする。

$$-6x = -42$$

両辺をxの係数-6でわる。

$$\underline{\boldsymbol{x = 7}}$$

(22) 〈**方程式**〉 ☞ 本冊P73 POINT2

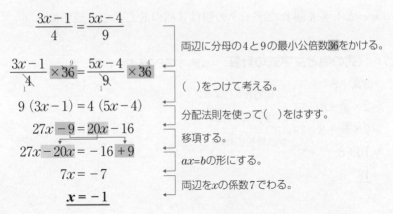

$$\frac{3x-1}{4}=\frac{5x-4}{9}$$

$$\frac{3x-1}{4}\times 36=\frac{5x-4}{9}\times 36$$ ← 両辺に分母の4と9の最小公倍数36をかける。

← （ ）をつけて考える。

$$9(3x-1)=4(5x-4)$$ ← 分配法則を使って（ ）をはずす。

$$27x-9=20x-16$$ ← 移項する。

$$27x-20x=-16+9$$ ← $ax=b$の形にする。

$$7x=-7$$ ← 両辺をxの係数7でわる。

$$\underline{\boldsymbol{x=-1}}$$

7

(23) 〈**平均，単位量あたりの大きさ，速さ**〉 ☞ 本冊P124 POINT

5回分の平均だから，

$(8.5+8.4+8.4+8.8+8.9)\div 5$

$=43\div 5$

$=\underline{8.6（秒）}$

(24) 〈**空間図形**〉

上下の底面で2，側面が8あるから，面の数は
全部で<u>10</u>。

(25) 〈**拡大図と縮図**〉 ☞ 本冊P102 POINT1

点Aから点Bは，右に2目もり，下に
3目もりだから，2倍の長さになるように，
点Dから右に4目もり，下に6目もりの位
置に点Eをかき入れる。よって，<u>ア</u>。

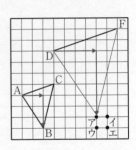

(26) **〈データの考察〉** ☞ 本冊P108 POINT 1

　もっとも多く現れたデータの値は3回の6だから，最頻値は **6**。

(27) **〈式の値と文字式の計算〉** ☞ 本冊P48 POINT 1

$2x+8$

$= 2 \times x + 8$　←　×のある式にする。

$= 2 \times 5 + 8$　←　$x=5$を代入する。

$= 10 + 8$　←　かけ算をする。

$= \underline{18}$

(28) **〈比例と反比例〉** ☞ 本冊P84 POINT 1

　yはxに比例するので，**$y = ax$**（aは比例定数）とおく。

　$x = 5$のとき$y = -40$より，$y = ax$に$x = 5$，$y = -40$を代入して，

　　$-40 = a \times 5$

　　$-40 = 5a$

　　$5a = -40$

　　$a = -8$

したがって，**$\underline{y = -8x}$**

(29) 〈**比例と反比例**〉 ☞ 本冊P85 POINT2

yはxに反比例するので，**$y = \dfrac{a}{x}$**(aは比例定数)とおく。

$x = -6$のとき$y = -7$より，$y = \dfrac{a}{x}$に$x = -6$，$y = -7$を代入して，

$$-7 = \frac{a}{-6}$$

$$\frac{a}{-6} = -7$$

$$a = (-7) \times (-6)$$

$$a = 42$$

したがって，$y = \dfrac{42}{x}$

よって，$x = 3$のとき，$y = \dfrac{42}{x}$に$x = 3$を代入して，

$$y = \frac{42}{3}$$

$$\underline{\boldsymbol{y = 14}}$$

(30) 〈**図形の移動**〉 ☞ 本冊P96 POINT

回転の角度は，点A→点Dの∠ACD
(点B→点Eの∠BCE)であるから，

$180° - 50° = \underline{\boldsymbol{130°}}$

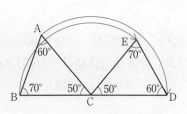

1 〈平均，単位量あたりの大きさ，速さ〉 ☞ 本冊P124 POINT

(1) 10円硬貨 1 枚あたりの 重さ は，

（10円硬貨30枚の重さ）÷（枚数30枚）で求められるから，

$135 \div 30 = \underline{4.5}$ （g）

(2) 1 枚の重さは4.5gより，387gの枚数は

$387 \div 4.5 = \underline{86}$ （枚）

別解

比の関係を利用すると，

（10円硬貨の枚数）：（10円硬貨の重さ）＝ 1：4.5 ＝ 2：9

よって，求める10円硬貨の枚数をx枚とすると，

$$\overset{\times}{x : 387 = 2 : 9}$$

$\underset{\times}{}$

$x \times 9 = 387 \times 2$ ← （外側の項の積）＝（内側の項の積）

$9x = 774$

$x = \underline{86}$ （枚） ← 両辺をxの係数9でわる。

2 〈空間図形〉 ☞ 本冊P168 POINT

(3) 立方体の体積は，**（1辺）×（1辺）×（1辺）** より，

$6 \times 6 \times 6 = \underline{216}(\text{cm}^3)$

(4)　立体を直方体①と直方体②に分ける。

　(直方体の体積)＝(縦)×(横)×(高さ)　より，

　直方体①の体積は，

　縦が14cm，横が6cm，高さが3cmより，

　　14×6×3＝252 (cm³)

　直方体②の体積は，

　縦が10cm，横が6cm，高さが6－3＝3 (cm)より，

　　10×6×3＝180 (cm³)

　したがって，求める立体の体積は，

　　252＋180＝432 (cm³)

別解

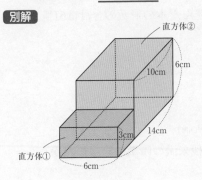

直方体①の体積は，

　　(14－10)×6×3

　＝4×6×3

　＝72 (cm³)

直方体②の体積は，

　　10×6×6

　＝360 (cm³)

よって，立体の体積は，

　　72＋360＝432 (cm³)

3 〈平均，単位量あたりの大きさ，速さ〉　☞ 本冊P124 POINT

(5)　平均＝合計÷個数　で，

7月から11月までの5か月の間に読んだ本の冊数の合計は，

$$14 + 15 + 8 + 9 + 15 = 61（冊）$$

1か月の平均は，

$$61 ÷ 5 = \underline{12.2（冊）}$$

(6)　7月から12月までの6か月の間に読んだ本の冊数の合計は，

合計＝平均×個数　より，

$$12.5 × 6 = \underline{75（冊）}$$

7月から11月までの5か月の間に読んだ本の冊数の合計は61冊より，

12月に読んだ本の冊数は，

$$75 - 61 = \underline{14（冊）}$$

4 〈データの活用〉　☞ 本冊P178 POINT

(7)　最頻値は，度数が8の6.5秒以上7.0秒未満の階級の階級値だから，

$$(6.5 + 7.0) ÷ 2 = \underline{6.75（秒）}$$

(8)　最初の階級から7.0秒以上7.5秒未満の階級までの度数の合計は，

$$5 + 8 + 6 = \underline{19（人）}$$

5 〈割合，比〉 ☞本冊P114 POINT

(9) コーヒー100mLを全部使ってコーヒー牛乳を作るとき，必要な牛乳
を x mLとする。

（コーヒー）：（牛乳）＝5：3　より，

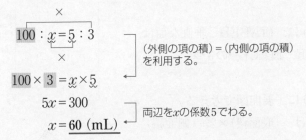

$100 : x = 5 : 3$

（外側の項の積）＝（内側の項の積）を利用する。

$100 \times 3 = x \times 5$

$5x = 300$

両辺をxの係数5でわる。

$x = \underline{\textbf{60}}\ (mL)$

(10) コーヒー牛乳を200mL作るとき，必要なコーヒーを x mLとする。

（コーヒー）：（コーヒー牛乳）＝5：8より，

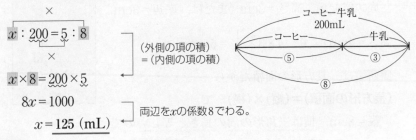

$x : 200 = 5 : 8$

（外側の項の積）＝（内側の項の積）

$x \times 8 = 200 \times 5$

$8x = 1000$

両辺をxの係数8でわる。

$x = \underline{\textbf{125}}\ (mL)$

別解

（コーヒー）：（牛乳）＝5：3　より，

コーヒーの量はコーヒー牛乳の量の $\dfrac{5}{8}$

比べられる量　　もとにする量　（割合）

比べられる量 ＝もとにする量×（割合） より，

必要なコーヒーは，$200 \times \dfrac{5}{8} = \underline{\textbf{125}}(mL)$

6　〈空間図形〉　☞ 本冊P168 POINT

（11）　辺ABとねじれの位置にある辺は辺ABと
交わる辺と平行な辺を除いたものだから，
辺CF，辺DF，辺EF

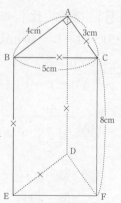

（12）　右の図のように，面ABEDと垂直な面は，
面ABC，面DEF，面ACFDの**3つ**

（13）　下の図のように，展開図で考える。

三角柱の表面積は，(底面積)×2＋(側面積)

底面積は，三角形の面積だから，

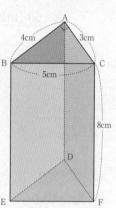

(三角形の面積)＝(底辺)×(高さ)×$\frac{1}{2}$　で，

底辺＝4cm，高さ＝3cm（または，底辺＝3cm，

高さ＝4cm）より，　$4×3×\frac{1}{2}=$ 6(cm^2)

側面積は，長方形の面積だから，

(長方形の面積)＝(縦)×(横)　で，

縦＝8cm，横は三角形の周の長さと等しいので，

$4＋5＋3=12$（cm）より，　$8×12=$ 96 (cm^2)

したがって，表面積は，$6×2＋96=$ **108 (cm^2)**

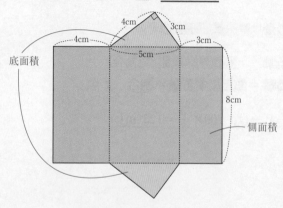

底面積

側面積

7 〈割合，比〉 ☞ 本冊P114 Point

(14) 「アップルジュースの量 は，オレンジジュースの量 の $\dfrac{7}{4}$ 倍」

?L　　　　　$\dfrac{6}{5}$L

比べられる量　　　もとにする量　　　割合

比べられる量＝もとにする量×割合 より，

アップルジュースの量は，

$$\dfrac{\overset{3}{\cancel{6}}}{5}\times\dfrac{7}{\underset{2}{\cancel{4}}}=\dfrac{21}{10}\,(\mathrm{L})$$

(15) 「グレープジュースの量 は，オレンジジュースの量 の 何 倍か」

$\dfrac{5}{2}$L　　　　　$\dfrac{6}{5}$L

比べられる量　　　もとにする量　　　割合

割合 ＝ 比べられる量 ÷ もとにする量 より，

$$\dfrac{5}{2}\div\dfrac{6}{5}=\dfrac{5}{2}\times\dfrac{5}{6}$$

$$=\dfrac{25}{12}\,(倍)$$

8 〈比例と反比例〉 ☞ 本冊P142 Point

(16) ①は比例のグラフより，$y = ax$（aは比例定数）とおく。

P$(-3, 6)$を通るので，$x = -3$，$y = 6$を代入して，

$$6 = a \times (-3)$$
$$6 = -3a$$
$$-3a = 6$$
$$a = -2$$

よって，求める式は，$\underline{\boldsymbol{y = -2x}}$

(17) ②は反比例のグラフより，$y = \dfrac{a}{x}$（aは比例定数）とおく。

P$(-3, 6)$を通るので，$x = -3$，$y = 6$を代入して，

$$6 = \dfrac{a}{-3}$$
$$\dfrac{a}{-3} = 6$$
$$a = 6 \times (-3)$$
$$a = -18$$

よって，求める式は，$\underline{\boldsymbol{y = -\dfrac{18}{x}}}$

(18) 点Qは$y = -\dfrac{18}{x}$上の点で，x座標が6より，$x = 6$を代入して，

$$y = -\dfrac{18}{6}$$

$$\underline{\boldsymbol{y = -3}}$$

9 〈場合の数〉

(19) □と△の組み合わせを考えると，下の樹形図より12通り。

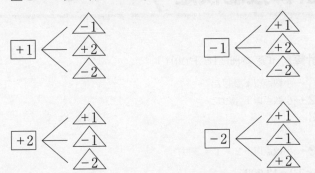

　　12通りに対して，○にあてはまる記号がそれぞれ2通りあるので，
式は全部で，$12 \times 2 = \underline{\textbf{24}（通り）}$

(20) 答えが負の数になるのは，

$(+1) - (+2) = -1$　　　$(+1) \times (-1) = -1$
$(-1) - (+1) = -2$　　　$(+1) \times (-2) = -2$
$(-1) - (+2) = -3$　　　$(-1) \times (+1) = -1$
$(-2) - (+1) = -3$　　　$(-1) \times (+2) = -2$
$(-2) - (-1) = -1$　　　$(+2) \times (-1) = -2$
$(-2) - (+2) = -4$　　　$(+2) \times (-2) = -4$
　　　　　　　　　　　　$(-2) \times (+1) = -2$
　　　　　　　　　　　　$(-2) \times (+2) = -4$

よって，$\underline{\textbf{14通り}}$

1次：計算技能検定　解答と解説

1

(1) 〈**小数の計算**〉　☞ 本冊P18 POINT1

```
    3.2 6 ←小数点以下 2 けた
  ×   4.2 ←小数点以下 1 けた
    6 5 2
  1 3 0 4
  1 3.6 9 2 ←小数点以下 2 + 1 = 3 けた
```

よって，$3.26 \times 4.2 = \underline{\textbf{13.692}}$

(2) 〈**小数の計算**〉　☞ 本冊P19 POINT2

商の小数点は，移したあとのわられる数の小数点にそろえる。

```
        2.1
  3.8 ) 7.9 8 ←わる数とわられる数の小数点を右に1つずつ移す。
        7 6   ←38×2
          3 8
          3 8 ←38×1
            0
```

よって，$7.98 \div 3.8 = \underline{\textbf{2.1}}$

(3) 〈**分数の計算**〉　☞ 本冊P28 POINT1

$$\frac{5}{8} + \frac{1}{5}$$

分母が40の分数に通分する。
8と5の最小公倍数

$$= \frac{5 \times 5}{8 \times 5} + \frac{1 \times 8}{5 \times 8}$$

$$= \frac{25}{40} + \frac{8}{40}$$

分子どうしをたす。

$$= \underline{\frac{33}{40}}$$

(4) 〈分数の計算〉 ☞ 本冊P28 POINT1

$$\frac{13}{15} - \frac{2}{3}$$

分母が15の分数に通分する。

$$= \frac{13}{15} - \frac{2 \times 5}{3 \times 5}$$

15と3の最小公倍数

$$= \frac{13}{15} - \frac{10}{15}$$

分子どうしをひく。

$$= \frac{\overset{1}{3}}{\underset{5}{15}}$$

約分する。

$$= \frac{1}{5}$$

(5) 〈分数の計算〉 ☞ 本冊P29 POINT2

$$\frac{8}{9} \times 2\frac{1}{10}$$

帯分数を仮分数にする。 $2\frac{1}{10} = \frac{10 \times 2 + 1}{10} = \frac{21}{10}$

$$= \frac{8}{9} \times \frac{21}{10}$$

$$= \frac{\overset{4}{8} \times \overset{7}{21}}{\underset{3}{9} \times \underset{5}{10}}$$

途中で約分する。

$$= \frac{28}{15}$$

(6) 〈分数の計算〉 ☞ 本冊P30 POINT3

$$\frac{8}{15} \div \frac{16}{25}$$

逆数のかけ算にする。

$$= \frac{8}{15} \times \frac{25}{16}$$

$$= \frac{\overset{1}{8} \times \overset{5}{25}}{\underset{3}{15} \times \underset{2}{16}}$$

途中で約分する。

$$= \frac{5}{6}$$

(7) 〈**分数の計算**〉 ☞ 本冊P31 POINT4

$$\frac{2}{63} \times 4\frac{9}{10} \div \frac{7}{15}$$

帯分数を仮分数にする。 $4\frac{9}{10} = \frac{10 \times 4 + 9}{10} = \frac{49}{10}$

$$= \frac{2}{63} \times \frac{49}{10} \div \frac{7}{15}$$

逆数のかけ算にする。

$$= \frac{2}{63} \times \frac{49}{10} \times \frac{15}{7}$$

$$= \frac{\overset{1}{2} \times \overset{7}{49} \times \overset{1}{15}}{\underset{3}{63} \times \underset{1}{10} \times \underset{1}{7}}$$

途中で約分する。

$$= \underline{\frac{1}{3}}$$

(8) 〈**分数の計算**〉

48をかけると両方の分数で約分することができる。

$$48 \times \left(\frac{7}{8} - \frac{5}{6} \right)$$

分配法則を使って( )をはずす。

$$= 48 \times \frac{7}{8} - 48 \times \frac{5}{6}$$

$$= \frac{\overset{6}{48} \times 7}{1 \times \underset{1}{8}} - \frac{\overset{8}{48} \times 5}{1 \times \underset{1}{6}}$$

約分する。

$$= 42 - 40$$

$$= \underline{2}$$

(9) 〈**正負の数の計算**〉 ☞ 本冊P40 POINT1

$$15 - (-4) + (-6)$$

かっこをはずす。$A - (-B) = A + B$ $A + (-B) = A - B$

$$= 15 + 4 - 6$$

正の数どうしを計算する。

$$= 19 - 6$$

$$= \underline{13}$$

(10) 〈正負の数の計算〉 ☞ 本冊P42 POINT3

$$6^2 \div (-3)^2$$

指数の計算をする。$6 \times 6 \div (-3) \times (-3)$ではない。

$$= 6 \times 6 \div \{(-3) \times (-3)\}$$

$$= 36 \div 9$$

$$= \underline{4}$$

(11) 〈式の値と文字式の計算〉 ☞ 本冊P49 POINT2

$$5(4x-6) + 9(3x-2)$$

分配法則を使って（　）をはずす。

$$= 20x - 30 + 27x - 18$$

項をまとめる。

$$= \underline{47x - 48}$$

(12) 〈式の値と文字式の計算〉 ☞ 本冊P49 POINT2

$$\frac{2}{3}(3x-9) - \frac{3}{5}(20x-5)$$

分配法則を使って（　）をはずす。

$$= \frac{2}{3} \times 3x - \frac{2}{3} \times 9 - \frac{3}{5} \times 20x + \frac{3}{5} \times 5$$

約分する。

$$= 2x - 6 - 12x + 3$$

項をまとめる。

$$= \underline{-10x - 3}$$

2

(13) 〈最大公約数と最小公倍数〉 ☞ 本冊P56 POINT1

$\begin{cases} 18の約数 \rightarrow 1,\ 2,\ 3,\ 6,\ 9,\ 18 \\ 27の約数 \rightarrow 1,\ 3,\ 9,\ 27 \end{cases}$

18と27の公約数 → 1，3，9

よって，18と27の最大公約数は $\underline{9}$

(14) 〈最大公約数と最小公倍数〉 ☞ 本冊P56 POINT1

$\begin{cases} 24の約数→\boxed{1}, \boxed{2}, \boxed{3}, 4, \boxed{6}, 8, 12, 24 \\ 48の約数→\boxed{1}, \boxed{2}, \boxed{3}, 4, \boxed{6}, 8, 12, 16, 24, 48 \\ 54の約数→\boxed{1}, \boxed{2}, \boxed{3}, \boxed{6}, 9, 18, 27, 54 \end{cases}$

24, 48, 54の公約数→$\boxed{1}$, $\boxed{2}$, $\boxed{3}$, $\boxed{6}$

よって, 24, 48, 54の最大公約数は **6**

3

(15) 〈最大公約数と最小公倍数〉 ☞ 本冊P57 POINT2

$\begin{cases} 15の倍数→15, 30, 45, \boxed{60}, 75, \cdots \\ 20の倍数→20, 40, \boxed{60}, 80, \cdots \end{cases}$

よって, 15と20の最小公倍数は **60**

別解

$\boxed{5})\ \underline{15\quad 20}$ ←15と20の公約数の5でわる。
$3\quad\ \ 4$

よって, 15と20の最小公倍数は $\boxed{5} \times \boxed{3} \times \boxed{4} = \underline{\textbf{60}}$

(16) 〈最大公約数と最小公倍数〉 ☞ 本冊P57 POINT2

$\begin{cases} 27の倍数→27, 54, 81, 108, 135, 162, 189, \boxed{216}, \cdots \\ 36の倍数→36, 72, 108, 144, 180, \boxed{216}, \cdots \\ 72の倍数→72, 144, \boxed{216}, \cdots \end{cases}$

よって, 27, 36, 72の最小公倍数は **216**

別解

$\boxed{9})\ \underline{27\quad 36\quad 72}$ ←27と36と72の公約数の9でわる。
$\boxed{4})\ \ \underline{\ 3\quad\ \ 4\quad\ \ 8}$ ←4と8の公約数の4でわる。
$3\quad\ \boxed{1}\quad\ \boxed{2}$ ←われない3は下におろす。

よって, 27, 36, 72の最小公倍数は $\boxed{9} \times \boxed{4} \times 3 \times \boxed{1} \times \boxed{2} = \underline{\textbf{216}}$

4

(17) 〈比〉 ☞ 本冊P62 POINT 1

$40 : 72$

$= (40 \div 8) : (72 \div 8)$ ← 40と72の最大公約数の 8 でわる。

$= \underline{5 : 9}$

(18) 〈比〉 ☞ 本冊P62 POINT 1

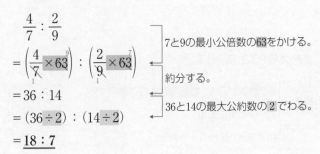

$\dfrac{4}{7} : \dfrac{2}{9}$

$= \left(\dfrac{4}{7} \times \overset{9}{63} \right) : \left(\dfrac{2}{9} \times \overset{7}{63} \right)$ ← 7と9の最小公倍数の63をかける。

← 約分する。

$= 36 : 14$

$= (36 \div 2) : (14 \div 2)$ ← 36と14の最大公約数の 2 でわる。

$= \underline{18 : 7}$

5

(19) 〈比〉 ☞ 本冊P63 POINT 2

$3 : 4 = \square : 24$

$4 \times \square = 3 \times 24$ ← 外側の項の積と内側の項の積は等しい。

$4 \times \square = 72$

$\square = 72 \div 4$

$\square = \underline{18}$

別解

$3 : 4 = \square : 24$

（$\times 6$, $\times 6$）

よって，$\square = 3 \times 6 = \underline{18}$

(20) 〈比〉 ☞ 本冊P63 POINT2

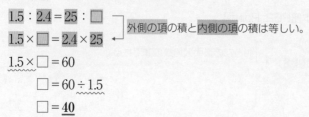

$1.5 : 2.4 = 25 : \square$

$1.5 \times \square = 2.4 \times 25$ ← 外側の項の積と内側の項の積は等しい。

$1.5 \times \square = 60$

$\square = 60 \div 1.5$

$\square = \underline{\mathbf{40}}$

6

(21) 〈**方程式**〉 ☞ 本冊P72 POINT1

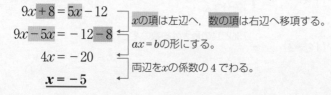

$9x + 8 = 5x - 12$ ← xの項は左辺へ，数の項は右辺へ移項する。

$9x - 5x = -12 - 8$ ← $ax = b$の形にする。

$4x = -20$ ← 両辺をxの係数の4でわる。

$\boldsymbol{x = -5}$

(22) 〈**方程式**〉 ☞ 本冊P72 POINT1

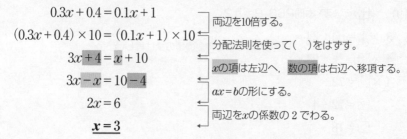

$0.3x + 0.4 = 0.1x + 1$

$(0.3x + 0.4) \times 10 = (0.1x + 1) \times 10$ ← 両辺を10倍する。

← 分配法則を使って（ ）をはずす。

$3x + 4 = x + 10$

← xの項は左辺へ，数の項は右辺へ移項する。

$3x - x = 10 - 4$

← $ax = b$の形にする。

$2x = 6$

← 両辺をxの係数の2でわる。

$\boldsymbol{x = 3}$

<u>**7**</u>

(23) 〈平均，単位量あたりの大きさ，速さ〉 ☞ 本冊P124 POINT

平均＝合計÷個数 で，いちごの重さの合計は，

$$34+28+33+34+31=160\,(\mathrm{g})$$

いちご5個の平均だから，

$$160÷5=\underline{32\,(\mathrm{g})}$$

(24) 〈空間図形〉

五角柱の辺は，上の底面に5，下の底面に5，

底面に垂直に5の，15ある。

よって，五角柱の辺の数は<u>15</u>。

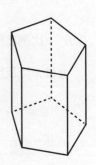

(25) 〈図形の移動〉 ☞ 本冊P96 POINT

右の図の点Cに対応する点だから，エである。

よって，<u>エ</u>。

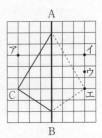

(26) 〈データの考察〉 ☞ 本冊P108 POINT1

もっとも多く現れたデータは3回の7である。

よって，最頻値は<u>7</u>。

(27) 〈式の値と文字式の計算〉 ☞ 本冊P48 POINT1

$$5x+13$$
$$=5×x+13$$
$$=5×(-6)+13$$
$$=-30+13$$
$$=\underline{-17}$$

×のある式にする。

$x=-6$を代入する。

かけ算をする。

(28) 〈比例と反比例〉 ☞ 本冊P84 POINT1

y は x に比例するので，**$y = ax$** (a は比例定数) とおく。

$x = \boxed{9}$ のとき $y = \boxed{-54}$ だから

$\quad \boxed{-54} = a \times \boxed{9}$

$\quad\quad 9a = -54$

$\quad\quad\quad a = -6$

よって，**$y = -6x$**

(29) 〈比例と反比例〉 ☞ 本冊P85 POINT2

y は x に反比例するので，**$y = \dfrac{a}{x}$** (a は比例定数) とおく。

$x = \boxed{-2}$ のとき $y = \boxed{9}$ だから，

$\quad \boxed{9} = \dfrac{a}{-2}$

$\quad a = -18$

したがって，$y = -\dfrac{18}{x}$ となり，$x = 6$ を代入して，

$\quad y = -\dfrac{18}{6}$

$\quad \boldsymbol{y = -3}$

(30) 〈図形の移動〉 ☞ 本冊P96 POINT

点A，B，Cにそれぞれ対応す
る点D，E，Fは，もとの点か
ら矢印の方向に6cm平行移動
している。

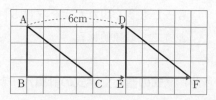

よって，移動の距離は**6cm**

2次：数理技能検定　解答と解説

1　〈最大公約数と最小公倍数〉　☞ 本冊P56 POINT1

(1) 正方形の辺は等しいので，1辺の長さは，56と154の最大公約数と考える。

$$\begin{cases} 56の約数→\boxed{1}, \boxed{2}, 4, \boxed{7}, 8, \boxed{14}, 28, 56 \\ 154の約数→\boxed{1}, \boxed{2}, \boxed{7}, 11, \boxed{14}, 22, 77, 154 \end{cases}$$

56と154の公約数→ 1 , 2 , 7 , 14

よって，56と154の最大公約数は14なので，正方形の1辺の長さは，

14(cm)

(2) $56÷14＝4$と$154÷14＝11$より，正方形は，縦に4枚ずつ，横に11枚ずつ並ぶから，正方形の紙の枚数は，

$4×11＝$ **44（枚）**

2　〈平面図形〉　☞ 本冊P152 POINT

(3) 図の正八角形は，合同な二等辺三角形で8等分されている。∠AOBは360°を8等分して求める。

$360°÷8＝$ **45°**

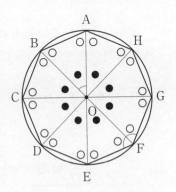

(4) △AOBの内角の和は180°だから，

$○＋○＝180°－45°$

$＝135°$

∠EFGも○＋○である。

よって，**135度**

(5)　**平均＝合計÷個数** で，30日間で450冊売れたから，1日に売れたノートの冊数の平均は，

$$450 \div 30 = \underline{\mathbf{15}}(冊)$$

(6)　1日15冊ずつ売れるとすると，360冊のノートが売れるのにかかる日数は，

$$360 \div 15 = \underline{\mathbf{24}}(日)$$

(7)　**比べられる量＝もとにする量×割合** で，家から中学校までの所要時間がもとになる量，家から公民館までの所要時間が比べられる量だから，家から公民館までの所要時間は，

$$\frac{4}{9} \times \frac{3}{8} = \frac{\overset{1}{\cancel{4}} \times \overset{1}{\cancel{3}}}{\underset{3}{\cancel{9}} \times \underset{2}{\cancel{8}}}$$

　　　　　　　　　}約分する。

$$= \underline{\frac{1}{6}}(時間)$$

(8)　家から中学校までの所要時間がもとになる量，家から図書館までの所要時間が比べられる量だから，家から図書館までの所要時間は，

$$\frac{4}{9} \times 1\frac{1}{6} = \frac{4}{9} \times \frac{7}{6}$$　← 帯分数を仮分数にする。$1\frac{1}{6} = \frac{6 \times 1 + 1}{6} = \frac{7}{6}$

$$= \frac{\overset{2}{\cancel{4}} \times 7}{9 \times \underset{3}{\cancel{6}}}$$

　　　　　　　}約分する。

$$= \underline{\frac{14}{27}}(時間)$$

(9) **割合＝比べられる量÷もとにする量** で，家から中学校までの所要時間がもとにする量，家から水族館までの所要時間が比べられる量だから，

$$\frac{1}{4} \div \frac{4}{9} = \frac{1}{4} \times \frac{9}{4} \quad \leftarrow 逆数のかけ算にする。$$

$$= \frac{1 \times 9}{4 \times 4}$$

$$= \underline{\frac{9}{16}(倍)}$$

$\boxed{5}$ 〈**割合，比**〉 ☞ 本冊P114 POINT

(10) Aのひもの長さは20cmの$\frac{3}{5}$だから，

$$20 \times \frac{3}{5} = \frac{\overset{4}{20} \times 3}{1 \times \underset{1}{5}} \quad \left] 約分する。\right.$$

$$= \underline{12(cm)}$$

(11) Bのひもの長さは，

$20 - 12 = 8$ (cm)

Cのひもの長さは12cmの$\dfrac{3}{5}$だから，

$$12 \times \dfrac{3}{5} = \dfrac{12 \times 3}{1 \times 5}$$
$$= \dfrac{36}{5} \text{ (cm)}$$

Dのひもの長さは，

$$12 - \dfrac{36}{5} = \dfrac{60}{5} - \dfrac{36}{5}$$
$$= \dfrac{24}{5} \text{ (cm)}$$

$\dfrac{36}{5} = 7\dfrac{1}{5}$，$\dfrac{24}{5} = 4\dfrac{4}{5}$だから，Bがもっとも長く，Dがもっとも短いとわかる。

求める比は，

$$8 : \dfrac{24}{5} = (8 \times 5) : \left(\dfrac{24}{\underset{1}{\cancel{5}}} \times \overset{1}{\cancel{5}}\right)$$ ←分母の5をかける。

$$= 40 : 24$$

$$= (40 \div 8) : (24 \div 8)$$ ←最大公約数の8でわる。

$$= \underline{\underline{5 : 3}}$$

6 〈方程式〉 ☞ 本冊P134 POINT

(12)　4個の高さからさらに1個重ねると，

22 − 19 = 3 (cm)高くなるから，図より

コップ1個の高さは，

19 − 3 × 3 = 10(cm)

x個のうちの1個目の高さが10cmで，そこ

に残りの $(x-1)$ 個を重ねるから，x個重ね

たときの高さを，xを用いて表すと，

10 + 3 $(x-1)$ = 10 + 3x − 3

$= \underline{3x + 7(\text{cm})}$

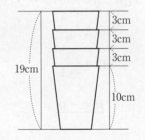

3cm
3cm
3cm
19cm
10cm

(13)　3x + 7 = 34

3x = 34 − 7

3x = 27

x = 9

よって，__9個__

7 〈比例と反比例〉 ☞ 本冊P142 POINT

(14)　点Aは $y = -3x$ 上の点で，x座標は−4だから，$x = -4$を代入して，

$y = -3 \times (-4) = 12$

よって，点Aの座標は__(−4, 12)__

(15) $y = \dfrac{a}{x}$ のグラフは点A$(-4, 12)$を通るから，$x = -4$，$y = 12$を代入

すると，

$$12 = \dfrac{a}{-4}$$

$$\underline{a = -48}$$

8 〈空間図形〉 ☞ 本冊P168 POINT

(16) 辺ABと平行な辺は，辺DC，EF，HGである。辺ABと交わる辺は，
辺AD，AE，BC，BFである。残りの辺CG，DH，EH，FGの4本は，
辺AB を含む面ABCD，ABFEに含まれないから，辺ABとねじれの
位置にある。

よって，**辺CG，DH，EH，FG**

(17) 底面が1辺4cmの正方形EFGHで，高さはAE＝BF＝CG＝DH＝4cm
である。**角錐の体積＝(底面積)×(高さ)×$\dfrac{1}{3}$** に代入すると，

$$(4 \times 4) \times 4 \times \dfrac{1}{3} = \underline{\dfrac{64}{3}} \text{(cm}^3)$$

(18) 三角錐ABCFは，直角二等辺三角形ABCを底面，高さをBFととらえ
ることで，体積を求めることができるから，

$$\left(\dfrac{1}{2} \times \overset{2}{4} \times 4\right) \times 4 \times \dfrac{1}{3} = \underline{\dfrac{32}{3}} \text{(cm}^3)$$

9 〈規則性〉

(19) n を 3 以上の整数とする。

正方形 Ⓝ の 1 辺の長さは，正方形を合わせてできる長方形の長いほうの辺の長さと等しいので，正方形 Ⓝ₋₂，Ⓝ₋₁ の 1 辺の長さの和に等しい。正方形①，②の 1 辺の長さは 1cm なので，正方形③の 1 辺の長さは，1 + 1 = 2(cm)，正方形④の長さは，1 + 2 = 3(cm)

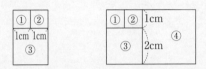

これをまとめると，下の表のようになる。

正方形	①	②	③	④	⑤	⑥	⑦	…
1辺の長さ(cm)	1	1	2	3	5	8		…

(①+②) (②+③) (③+④) (④+⑤)

よって，正方形⑦の 1 辺の長さは，5 + 8 = **13(cm)**

(20) 正方形⑨，⑩の 1 辺の長さがそれぞれ34cm，55cmなので，正方形⑪の 1 辺の長さは，34 + 55 = **89(cm)**